《天然药物在家禽疾病中的应用——银黄系列》

编委会

主　　编　　王秀敏（北京生泰尔科技股份有限公司）

王顺山（北京生泰尔科技股份有限公司）

李立云（北京生泰尔科技股份有限公司）

吴国彬（北京生泰尔科技股份有限公司）

魏树阁（北京生泰尔科技股份有限公司）

副 主 编　　马绍航（北京生泰尔科技股份有限公司）

白东东（北京生泰尔科技股份有限公司）

伦志伟（北京生泰尔科技股份有限公司）

编　　者　　（按姓氏笔画排序）

丁　宁（北京生泰尔科技股份有限公司）

于松林（北京生泰尔科技股份有限公司）

王　硕（北京生泰尔科技股份有限公司）

王争光（北京生泰尔科技股份有限公司）

王志会（大连龙城食品集团）

王秀萍［海南（潭牛）文昌鸡股份有限公司］

王国辉（大连雨丰集团）

王佳一（北京生泰尔科技股份有限公司）

王璐璐（大连成三畜牧业有限公司）

石朝阳（河北农业大学）

付　洋（北京生泰尔科技股份有限公司）

全其宝（北京生泰尔科技股份有限公司）

师恩柱（北京生泰尔科技股份有限公司）

朱秋华（铁岭树芽养殖有限公司）

庄志伟（新希望六合股份有限公司）

刘　坤（丹东禾丰成三牧业有限公司）

刘　强（大连成三畜牧业有限公司）

刘大明（大连成三畜牧业有限公司）

刘治家（大连盛铭牧业有限公司）

关忠磊（大连成三畜牧业有限公司）

江忠传（辽宁省铁岭市）

孙卫东（南京农业大学）

杜林林（北京生泰尔科技股份有限公司）

杜海龙（黑龙江省哈尔滨市）

李　越（北京生泰尔科技股份有限公司）

李小巍（北京生泰尔科技股份有限公司）

李春涟（诸城投资有限公司）

李贵民（北京生泰尔科技股份有限公司）

李善峰（黑龙江省哈尔滨市）

杨文超（山西大象农牧集团）

杨宝新（北京生泰尔科技股份有限公司）

吴俊彤（北京生泰尔科技股份有限公司）

吴振鸣（丹东禾丰成三牧业有限公司）

何　湾（北京生泰尔科技股份有限公司）

宋成玉（北京生泰尔科技股份有限公司）

张　鑫（辽宁省葫芦岛市）

天然药物
在家禽疾病中的应用
银黄系列

王秀敏　王顺山　李立云　吴国彬　魏树阁　主编

中国农业科学技术出版社

图书在版编目（CIP）数据

天然药物在家禽疾病中的应用：银黄系列 / 王秀敏等主编. --北京：中国农业科学技术出版社，2022.12

ISBN 978-7-5116-5922-4

Ⅰ.①天… Ⅱ.①王… Ⅲ.①生物药－应用－禽病－诊疗 Ⅳ.①S858.3

中国版本图书馆CIP数据核字（2022）第174321号

责任编辑	张诗瑶
责任校对	马广洋
责任印制	姜义伟　王思文

出 版 者	中国农业科学技术出版社
	北京市中关村南大街 12 号　　邮编：100081
电　　话	（010）82106625（编辑室）　　（010）82109702（发行部）
	（010）82109709（读者服务部）
网　　址	https:// castp.caas.cn
经 销 者	各地新华书店
印 刷 者	北京地大彩印有限公司
开　　本	185 mm×260 mm　1/16
印　　张	7.75
字　　数	170 千字
版　　次	2022 年 12 月第 1 版　　2022 年 12 月第 1 次印刷
定　　价	56.00 元

随着文明发展与社会进步，人们越来越关注化学药品与抗生素给动物与人类健康以及环境安全带来的负面影响，越来越寄希望于天然药物为解决这些负面影响而发挥更大的作用，以实现健康养殖、食品安全、环境保护，创建人与动物、人与自然和谐发展的美好愿景。所谓天然药物，指来源于天然植物、动物和矿物并经现代医药体系证明其安全、有效且质量可控的药用物质及其制剂，一般不包括来源于基因修饰、微生物发酵、化学修饰等处理后的物质。

由此可知，天然药物应包括大多数的中兽药，但是二者又有明显区别。首先是天然药物的来源广于中兽药，可以是某些从来没有传统中草药文献记载的植物、动物或矿物，例如，丝兰、迷迭香或许多海洋生物等。其次是天然药物一般要经过提取精制，在保留重要药效成分的前提下尽可能剔除非药效部位，以利于动物吸收利用并减少临床使用剂量。最后是部分天然药物已经解明其主要药效成分和作用机制，经过现代药效、毒理与临床学评价，因此其临床用药可以在现代兽医药学理论指导下进行，中兽医药学理论功底不够深厚者也可以轻松运用。

近几十年来，天然药物的研究已经成为全球热点，北京生泰尔科技股份有限公司在国家各级主管部门的关怀和帮助下，历经二十多年的努力攻关，成功研制出了一批优质高效的天然药物，并在生产实践中积累了大量经验。为了进一步普及相关知识和推广应用，北京生泰尔科技股份有限公司组织了有关专家和技术人员，编写了这本《天然药物在家禽疾病中的应用——银黄系列》一书。为了方便临床参考应用，本书按病原分类，针对家禽主要的病毒病和细菌病，重点介绍了天然康、芪黄素、锦心口服液和香连溶液等制剂的临床使用规范和大量真实使用案例，对于养殖生产与临床实践具有很强的指导意义和应用参考价值。

尽管本书在编写上做了很大努力，但限于编者水平，加之时间仓促，疏漏之处在所难免，望读者不吝赐教，以便再版时修改。

韦旭斌

原吉林大学教授、博士生导师

2021年11月

序 二

应北京生泰尔科技股份有限公司（简称生泰尔）邀请为本书写序，深感荣幸，也倍感压力，深知水平有限或难以胜任，但盛情难却，同时拜读之后也是感受颇深，得到不少启发。

2004年大学毕业后曾有时间不长的药企现场技术服务经历，当时国内肉鸡规模化养殖尚处于早期起步阶段，中小散户家庭养殖占据主流，有专门建设的简陋鸡舍，但也有很多旧房屋改造或直接使用庭院闲置房屋养殖的情况，居住和养殖在同一院内，生物安全概念无从谈起，更加之环境普遍不佳、养殖技术水平参差不齐，疫病问题突出而多发，治愈难度大。疾病的治疗过程中，养殖人员普遍喜欢使用复方大剂量抗生素，同时辅助中药制剂，这些应用仅限于经验或市场成效宣传，养殖人员尚不能完全清楚其内涵。就好比饿了为填饱肚子而饥不择食，至于是否会因吃得不当导致其他各种不适就不管了，我想鸡也是这样的，只是它无法表达出来罢了。合格的兽医工作者在懂病的同时，知道药物的原理与功用，用最少、最准确、经济的药物将病治疗好，这对鸡也是一种福利。而作为初参加工作者，这些经验往往是不足的，特别是对于中兽药的应用。

工作后有幸接触到生泰尔，生泰尔是我接触到的持之以恒、扎实地致力于中药产品研发和应用的高新技术企业，精于打造针对性强、更为贴近现场需求、以解决临床问题为根本的特色拳头产品，为国内家禽产业的"减抗增效"提供了新的思路和方法。本书最大的特点在于其实用性，符合现场兽医的需求，在对肉鸡主要常见疾病简明扼要地进行理论阐述的基础上，建立了基于中兽药、配合免疫等措施的系列配套防控方案，并对使用产品应用时机、机理、工艺做了全面而翔实的介绍。本书也提供了翔实而丰富的现场使用案例供大家使用和借鉴，这些案例都是难得的一手临床应用资料。

养殖业的规模化发展是行业发展的大势所趋，同时"减抗"也关系到食品安全问题。随着养殖业规模化、规范化的发展，中兽药必将发挥其重要的应用价值，为畜牧业的健康、长远发展保驾护航，也希望更多、更有效的产品通过研发、现场使用、总结经验，而推广至全行业。

郭龙宗

山东益生畜牧兽医科学研究院院长

2021年11月

序 三

　　中国现代家禽养殖业起步晚、发展迅速，近20年无论是饲养规模还是设施功能都发生了巨大的变化，养殖规模百万只的单场、全自动智能化鸡舍屡见不鲜。家禽集约化生产模式增加了养殖业的规模效益，降低了养殖成本，提升了养殖生产水平，伴随而来的也有集约化的负面反应。例如，家禽疫病流行规律改变，呼吸道疾病传播速度加快，呼吸道疾病病原变异和重组的机会增加，为增加饲养批次、减少空舍间隔，导致条件性传染病如支原体感染和大肠杆菌病变成了常态化传染病。

　　随着国家食品安全要求的提高，消费者对食用动物的药物残留更加敏感，政府监管力度加强。面对疫病防治的复杂化，临床兽医承受了食品安全和疫病防治的双重压力，可供选择的既有疗效又符合上市停药期的抗菌药物越来越少。"禁抗"以来，作为临床兽医，在食品安全和动物健康方面的现场经验体会到：保证动物健康是最大的动物福利。

　　鉴于食品安全要求，保证动物健康要系统化、科学化，在养殖前做好生物安全和种源净化；在疫病防治方面，要早期发现疫病兆头，早治疗、早治愈；在药物选择方面，要中西兽药结合，标本兼治，其中天然药物在缓解临床症状方面（如发热、呼吸道症状、肠道症状等方面）具有不可取代的作用，家禽疫病防治是典型的群体防治，其中具有致死性的呼吸道病变（如堵气管和肺水肿），无论任何病因所致，都会因呼吸道功能障碍而加快死亡。在缓解致死性呼吸道障碍方面，中兽药传统组方（如麻杏石甘汤、甘草合剂等）可以做到药到症除，配合对因治疗能尽快改善病情，减少疫病损失。

家禽疾病防治中的混合感染是制约兽医临床治疗效果的最大难题，混合感染多发生在肉鸡饲养后期临近停药期，以及种鸡和蛋鸡的产蛋期，抗生素的限制使用使混合大肠杆菌、沙门菌、支原体的全身病变无药可用，临床中亟须"替抗"产品，北京生泰尔科技股份有限公司生产的中兽药天然康、锦心口服液、香连口服液等，不仅具有实验室药敏试验的抑菌效果，而且临床用药前后对比，具有降低肝脏大肠杆菌分离率、减少剖检腹膜炎和肝周炎病变率、降低血清中内毒素含量等功效，且无须停药期。

针对天然药物在家禽临床的应用，业内仍有不同观点，诸如药效慢、作用机理不清楚等疑问，这些疑问需要通过对现代中兽药生产工艺的了解，以及对中兽药组方"君、臣、佐、使"相辅相成的配伍原则及中兽药的作用机理等知识的不断学习来解决。相信通过中兽药生产工艺的不断完善和临床兽医诊疗技术的不断提高，天然药物在家禽疾病防治中的应用会更加受到重视，治疗效果会不断增强，从而为家禽养殖业和食品安全保驾护航。

魏建平

北票宏发集团技术中心总经理

2021年11月

天然药物资源作为自然资源的一部分，一直是医疗动保事业的重要物质基础，在保障人民健康、促进经济繁荣方面起着重要的作用。中国是一个历史悠久的多民族大国，幅员辽阔，天然资源十分丰富。在长期防病治病的实践中，创造和积累了内容丰富、可贵的医药保健经验，塑造了关于利用天然药物资源独特的理论体系和方法，如性味、归经、升降浮沉、有毒无毒、功效及配伍等中药理论的指导性应用，天然药物在民族保健事业中发挥了巨大的作用。

中国天然药物资源的利用是运用现代科学理论、方法和技术来研究天然药物中的化学成分及其药效作用。目前中药材的化学成分研究是中药学研究的方法学之一，也是天然药物的研究途径之一。但是，发展自中药化学研究的天然药物从本质和概念上不能看作为中药，不能替代原来的中药，也不应看作为中药现代化的结果。

目前，天然药物资源的研究处于蓬勃发展阶段。天然药物的分离纯化、结构鉴定、结构修饰改造和构效关系研究等促进了活性天然化合物作用机制和生物学意义的研究；同时，作用机制和生物学意义的阐明对天然药物化学研究起着导向作用。传统用药经验和现代药理活性相结合是揭示传统医药复杂本质的重要手段，如以微生物为导向从传统中药和民间药物中寻找高效、低毒、广谱、抗耐药的先导化合物成为中国天然药物化学研究的重要切入点。

近年来，随着一些病毒流行毒株的变异、毒力增强以及宿主对某种病毒易感性的增强，疫苗在对病毒性疾病防控的效果上大打折扣，西药对动物病毒性疾病的防控效果并不理想。寻找更为有效、稳定的疫病防控方案迫在眉睫。与西药降低动物体内病毒载量的机理不同，天然药物侧重于提高和改善动物机体免疫力，其显著优势包括减轻病症、缩短发病时间、对动物机体损伤小、无药残等。随着近些年天然药物的广泛应用，很多一线兽医切实感受到天然药物在动物疫病防控应用中的精妙之处。但术业有专攻，不同的方剂有其针对的治证，只有把现场动物的病证和方剂针对的病症相对应，辨证施治，才能事半功倍，收到最为显著的疗效。

《天然药物在家禽疾病中的应用——银黄系列》一书，是一本全面、具体阐述传统中兽医药在家禽疾病中应用的专业著作，涵盖了天然药物在家禽病毒性疾病中的应用、天然药物在家禽细菌性疾病中的应用、生泰尔家禽呼吸道疾病解决方案、临床实证案例等诸多内容。相信本书出版后，既为广大畜牧兽医工作者提供应用中兽医药的参考工具，更为养殖企业科学使用中兽医药提供便捷的方法和示范。

赵国一

大连顺祥牧业有限公司动保检测中心主任

2021年10月

目　录

理论篇

第一章

天然药物在家禽病毒性疾病中的应用

第一节 天然药物在低致病性禽流感中的应用

低致病性禽流感病毒（如H9N2亚型）属于正黏病毒科、正黏病毒属，单股负链RNA病毒，呈多形性。其基因组由8股RNA节段构成，分别编码不同的病毒蛋白，这8个基因组片段交叉编码极易发生变异。

一、病原特点

研究发现，H9N2亚型禽流感病毒在全世界范围的禽类中广泛流行，有的还可以感染人，其流行特点是分布广泛、传播迅速、危害持久并难以清除。其所有毒株均对热比较敏感，抵抗力较弱，56℃、30 min灭活，60℃、10 min灭活，65～70℃、5 min灭活。在外界4℃条件下存活30～50 d，20℃时为7 d，在羽毛中可以存活18 d，在冷冻的禽产品和骨髓中存活时间长达10个月。H9N2毒株病毒的HA1的C末端有两个非连续的碱性氨基酸，第13位氨基酸残基上有一个糖基化位点覆盖了囊膜上的HA蛋白酶裂解位点，故其毒力和致病性较弱。

二、传播途径

候鸟、病禽和健康携带该病毒的禽类是主要传染源，主要通过空气飞沫和"粪—水—口"途径传播。

三、临床特点

一年四季均可发生，呈现发病日龄越来越小、传播范围广、毒株间致病力差异性大的特点；临床表现为高发病率，临床症状不一，死淘率不一。病理剖检表现多器官出血、淤血和损伤，造成免疫抑制。

四、目前状况

随着养鸡业的发展，低致病性禽流感常造成严重的经济损失。据统计，1996—2000年，H9N2感染的鸡群占93.89%，这表明从20世纪末到21世纪初，H9N2是影响家禽养殖的主要亚型。直到今天，除臭名昭著的H5N1和新兴的H7N9外，H9N2仍然是破坏家禽业的三种主要禽流感病毒亚型之一。

五、防控措施

预防低致病性禽流感的常规措施如下。

一是采取合理的生物安全措施，不与鸭、鹅等水禽混养或场周围环境3 km中不接触水禽，尤其要做好粪便发酵处理。二是做好环控管理，改善鸡舍的基础设施，如隔热保温设施，熟知设备性能和管理要求，规范操作，减少舍内外和上下端间的温差，减少环境变化对呼吸道的应激。三是加强饲料原料控制，避免抗营养因子影响和毒素叠加引起的蝴蝶效应，采取必要的工艺改进措施，如饲料原料发酵等，对肠道健康和肝脏保护充分重视。四是制定合理的免疫程序，免疫永远是疾病防控中最后一道防线，不能代替饲养管理，可以在产蛋前进行4～5次免疫，使其血凝抑制（HI）抗体达到保护阈值10 log2以上。

对不知不觉中存在和出现的问题，本着综合防控的原则。

鸡群经常不知不觉中发生输卵管炎症，蛋壳质量受影响，主要因为鸡的生理特点是生殖口、尿道口开口于泄殖腔，易受粪便和尿液污染。

鸡群时常发生不严重的呼吸道疾病，主要由环境因素（包括粉尘和无处不在的病毒）引起。

鉴于以上原因，建议采取与中兽药协同联合应用的防控措施。由金银花和黄芩组成的银黄可溶性粉（天然康），其主要活性成分为黄芩苷（素）和绿原酸，它们都有抑制病毒的作用。研究发现，黄芩苷在体外对流感甲型病毒有抑制细胞病变的作用，在体内黄芩苷也具有明显的抗流感病毒作用。

对于H9N2亚型病毒引起的肺部变化，天然康通过明显降低病毒神经氨酸酶的活性而抑制病毒复制，从而清除肺内的流感病毒，改善肺内流感病毒的血凝滴度和感染力，改善肺组织的病理变化。其原理是其作用于50S核糖体亚基，通过阻断转肽作用和mRNA位移而抑制生物蛋白质的合成；还能阻止病毒与呼吸道黏膜上皮结合来保护上皮细胞，减轻病毒对呼吸道和肺脏的损伤。

对于H9N2亚型病毒引起的内脏器官出血和淤血变化，天然康含有酚羟基结构，在肝脏中提高谷胱甘肽过氧化物酶（GSHPx）的活性，因其含有3个羟基且A环中含有邻二酚结构，能有效地清除自由基，具有抗氧化作用，又有护肝解毒的功能，可提高营养转化和机体抵抗力。

对于H9N2亚型病毒引起机体发热，天然康通过抑制*COX-2*基因表达，阻止C/EBPb与DNA的结合活性，从而抑制花生四烯酸的代谢及其代谢产物的生成，抑制前列腺素E$_2$（PGE$_2$）分泌，发挥解热镇痛抗炎的作用，协同解决机体抵抗力。

针对H9N2亚型病毒引起胰腺炎症和坏死，天然康能降低急性胰腺炎症因子释放，降低胰腺组织病理学评分，减少腹水产生，防止胰腺损伤，通过抑制NF-κB的活化，降低caspase-3蛋白、TNF-α mRNA和P-selectin蛋白的表达来降低炎症反应，通过改善血液黏稠度来改善微循环，降低死亡率。黄芩苷可抑制异丙肾上腺素诱导的心肌细胞肥大，抑制MMP2和MMP9的表达和活性，从而抑制心肌组织凋亡和纤维素化。

天然康通过有效控制H9N2亚型病毒引起的免疫抑制，病毒性疾病发生的概率明显降低，有效降低了免疫副反应，提高了疫苗免疫效果。使用期间正常检测抗体效价，比对照组可提高0.8～1.2个抗体滴度、降低9%的离散度，降低禽流感（AI）、新城疫（ND）、禽传染性支气管炎（IB）和传染性法氏囊病（IBD）等感染概率。产蛋率也相对提高，超过品种正常平均产蛋率0.8%～1.3%，蛋重相对增加0.5～1.2 g，蛋壳厚度一般在0.30～0.40 mm的范围内，蛋清黏稠度哈夫单位明显提高。

建议用中药改善机体状况，保证稳产，降低生产成本。

1～35日龄，应用黄芪多糖（芪黄素），可预防垂直传播的免疫抑制性疾病［鸡传染性贫血（CIA）、禽网状内皮组织增殖病（REV）、僵鸡综合征（SSA）］，提高机体的免疫机能和免疫应答能力，提高抗病能力，促进肠道发育和饲料的消化吸收，保证育雏前期体重与胫长达标。

21～30日龄，应用天然康，可净化支原体，降低鸡毒支原体（MG）和滑液支原体（MS）感染率，起到抗炎作用。

70～80日龄，重复21～30日龄的用药1次。

91～100日龄，应用芪黄素+天然康，可净化支原体（MG、MS），增强机体特异性免疫功能，提高抗体值。

130日龄至淘汰前1个月，应用芪黄素+天然康，连用10 d/月，可净化和抑制支原体，抗炎，提高生产性能与健雏率。

通过90日龄后采血检测ND、AI的HI抗体值是否平均提高0.8～1.2个滴度，MG、MS的ELISA检测抗体值是否控制在6 000～8 000个单位内，65周内综合评价是否多产出3.2只雏鸡，以及是否提高健康度与性价比，综合开展效果评估。

芪黄素拌料量为200 g/t；天然康拌料量为400 g/t，饮水给药时剂量减半。

第二节　天然药物在禽肺病毒感染中的应用

禽肺病毒（APV）属于副黏病毒科、肺病毒亚科、肺病毒属，为单股负链RNA病毒，与黏液蛋白有特殊亲和性；可以引起火鸡和一些其他禽类的上呼吸道疾病，并继发大肠杆菌病等感染的一种多因素传染性疾病。在20世纪70年代于南非首先分离到该病毒，随后研究证实APV存在A、B、C和D 4个亚型，从进化关系分析来看，A、B和D亚型间的进化关系更近，与C亚型间的进化关系更远；APV可以感染多种禽类，可导致感染动物鼻气管炎、肿头综合征、产蛋下降等疾病，给禽类养殖造成严重的危害。

一、病原特点

禽肺病毒有囊膜，是不分节的单股负链RNA病毒，不同毒株间存在明显的抗原性差异，有A、B、C、D亚型。50℃、6 h或56℃、30 min灭活，垫料中8℃存活90 d，与其他病毒混合感染增加发病率，并加重临床症状。对脂溶性消毒剂敏感，火鸡、雏鸡和鸡是禽肺病毒的主要易感动物。此外，鸭、野鸡、珍珠鸡、鸵鸟、鹅等其他禽类也可感染，但不易感，感染后有抗性、带毒。研究表明，敲除APV的*M2*、*SH*、*G*基因可破坏APV病毒复制和免疫原性，尤其是*SH*基因。

二、传播途径

禽肺病毒可以从感染禽直接传播给易感雏鸡，可通过空气媒介传播，机体的排泄物、康复禽、设备和车辆及被污染的水等都具有传播APV的可能性，野鸟和海鸥等候鸟可能在传播过程中起重要作用，可能是该病毒传播的重要载体。APV感染的暴发存在明显的季节性，主要集中在候鸟迁徙的春季和秋季。

三、临床特点

肉鸡、肉种鸡和商品蛋鸡均可发生本病，但以4～7周龄肉鸡最为常见，该病主要经接触传染，发病突然，传播迅速，2 d内常波及全场各群，病程10～14 d。APV已被证实参与多病原混合感染的疾病过程，常与传染性支气管炎和大肠杆菌混合感染，与其他的病原协同导致疾病加剧。幼龄鸡感染后临床症状为气管啰音、打喷嚏、流鼻液、泡沫性结膜炎、眶下窦肿胀和颈下水肿，日龄大一些的严重者临床症状为咳嗽、甩头。种鸡和产蛋鸡通常在产蛋高峰期发病，产蛋率下降5%～30%，有时下降70%，严重者导致输卵管的脱垂和腹膜炎；蛋表现为色浅、粗糙、薄壳蛋，种蛋孵化率降低，死亡率0.5%～50%

不等；有些禽类虽然不表现出明显的临床症状和病理变化，但会出现产蛋量下降。单纯的禽肺病毒感染不一定会引起肿头，在舍内通风不良、灰尘较大和氨气浓度大等条件下易发生。

四、免疫特点

接种疫苗可以产生细胞免疫和体液免疫。接种疫苗5～34 d产生中和抗体和IgG抗体；也可产生获得性免疫，种群疫苗免疫产生抗体通过种蛋传递给下一代。A、B亚型间有很好的交叉保护，A、B亚型疫苗对C亚型毒株感染有一定的保护作用；C亚型疫苗对A、B亚型毒株感染没有保护作用。

五、目前状况

禽肺病毒感染在中国发现较晚，存在与其他病毒混合感染和取样难分离到该病毒等问题。禽肺病毒抗体检测试剂盒抽查，全国种鸡与蛋鸡阳性率为0～50%，而商品肉鸡阳性率为10%～100%，建议种鸡场和祖代场引起高度重视。

六、防控措施

提高生物安全措施和饲养管理是对该疾病防控的重要举措，疫苗仍然是控制该疾病最好的方式。

1. 加强饲养管理

温差管理仍然是饲养管理的重点，同时应减少应激。

2. 疫苗免疫

活疫苗可以在呼吸道刺激机体产生全身性免疫反应及局部免疫，但产生抗体较低且是保护性抗体。多采取活疫苗和灭活苗相结合的免疫方式。生长阶段的雏禽、肉禽等主要使用活疫苗进行免疫；对种鸡或蛋鸡，采用灭活苗，可以避免产蛋下降、保护蛋壳质量，但对呼吸道保护不佳，出现腹膜炎为主，在禽肺病毒疫苗免疫前，对禽肺病毒和支原体、巴氏杆菌要进行鉴别。种禽在育雏和育成期进行活疫苗免疫1～2次，在开产前根据其不同亚型的疫苗具有交叉保护性原理再进行灭活苗的免疫。局部严重地区要反复接种，才能建立有效与持久的免疫力，免疫期可至60周龄。

3. 对症治疗

绿原酸抑制副黏病毒囊膜中与融合功能有关的糖蛋白F［有两段七肽重复区域（Heptad repeat，HR），分别称为七肽重复区域1（HR1）与七肽重复区域2（HR2）］，其具有抗原性，能阻止宿主细胞与病毒结合过程中病毒囊膜表面相关蛋白质的相互作用，降低病毒的活性。中药天然康通过抑制 *COX-2* 基因表达，阻止C/EBPb与DNA的结合活性从而抑制花生四烯酸的代谢及其代谢产物的生成，抑制PGE$_2$分泌，发挥解热、镇痛、抗炎的作用，协同解决机体抵抗力的问题。

第三节　天然药物在传染性支气管炎中的应用

传染性支气管炎（简称传支，IB）病毒（IBV）属于冠状病毒，有囊膜的单股正链RNA病毒，其核酸呈螺旋对称，其上有3种结构蛋白、线突蛋白（S）与囊膜相连、膜蛋白（M）在双层膜中和核衣壳蛋白（N）环绕整个病毒，有60多个血清型。传染性支气管炎潜伏期短，传播快，没有明显季节性，所有日龄的鸡都有可能被感染，是一种急性高度接触性的烈性传染病。

一、病原特性

不同的毒株间稳定性存在差异，对氯仿和乙醚敏感。56℃作用5～30 min灭活，大多无天然的血凝特性，经1%胰酶处理能凝集鸡的红细胞，可用于病毒鉴定。可与其他病毒混合感染，对生产造成极大的损失。

二、传播途径

雏鸡抵抗力弱，更易感，病毒可以通过空气、饲料、饮水、垫料等传播。鸡群密度过大、通风不良、过冷或过热都可以诱发该病；育雏育成期的鸡感染之后症状不明显，或呈现一过性，容易被忽视。

三、临床特点

IBV有多种毒株，血清型多，毒株变异快，但分布有地域特征，最易感三个关键期（1～2周、12～16周卵巢快速发育期，产蛋快速增加和产蛋高峰期），按照临床表现可分5个类型，即呼吸型、嗜肾型、嗜腺胃型、嗜肠型、嗜生殖道型。其中，呼吸型约占23%，嗜肾型已占到分离到毒株总量的72%，但呼吸型的比例存在上升趋势。

1.呼吸型

各个日龄均可发生，一般无前驱症状，突然出现呼吸症状并迅速涉及全群。表现为伸颈、甩鼻、呼吸困难、精神不振、喜聚堆、食欲减少。

2.嗜肾型

有Holte/Gray和T野毒株，以地区性散发形式为特点，雨季和寒冷季节多发，病初有轻微的呼吸道症状，夜间能听到，一般2～4 d，病程比呼吸型的稍长，喜好挤成一团，排出白色水样粪便，雏鸡死亡率为10%～30%。易感日龄为15～50日龄，尤以3～6周龄为发病高峰，此特点与传染性法氏囊病几乎相同。

3. 嗜腺胃型

主要在20～80日龄发生，初期甩鼻、啰音、眼角泡沫、肿胀，约2周；后期表现为消瘦，黏膜苍白，饮食下降，排黄绿色水样粪便。

4. 嗜肠型

各个日龄都有发生，初期有呼吸道症状，粪便中尿酸盐多，后期脱水，消瘦。

5. 嗜生殖道型

1～3周龄以内的雏鸡感染该病毒会造成输卵管不能正常发育，畸形，造成永久性的损伤。到成年阶段鸡冠虽然发育良好，但不产蛋，俗称为"假母鸡"。开产前感染的鸡，开产推迟，产蛋量减少，产蛋量下降10%～50%，同时畸形蛋增多，蛋壳变化明显，蛋清变稀。

四、目前状况

我国免疫鸡群中IB频繁发生，重要原因是疫苗与当前流行的IBV毒株血清型不对型，不同血清型/基因型之间的交叉保护性不完全。一是我国流行的部分血清型IBV不同于其他国家或地区。二是IBV外来引入使得我国IBV血清型众多，难于防治。三是鸡群中可能同时共同存在不同类型的毒株。四是疫苗与当前流行的毒株不同而保护效果不佳。五是免疫抑制病如IBD的免疫不佳和REV与禽白血病（AL）的净化不佳，造成对免疫中枢的损伤和压力。

五、防控措施

1. 疫苗选择

中国兽药监察所数据显示，目前我国常见的IB疫苗毒株主要有麻株（包括Ma株、H120株、H52株、28/86株、W93株等）以及变异株（LDT3株、4/91株、QX株、Jin13株等）。在我国流行广泛的毒株有QX、LX4、4/91、TW97/4、D971-like，与MASS呼吸道型毒株遗传谱较远，能在雏鸡中造成严重的肾脏和生殖道病变。

（1）对于呼吸型IB，H120株防控效果理想，常用于雏鸡的首次免疫接种，基本上不用H52株。

（2）对于能引起生殖系统和肾脏损伤的传染性支气管炎，传统的麻株疫苗已很难有效保护，就用QX株，或麻株（H120株或Ma5株）+4/91有一定效果，原则上先用H120株，1周后再用4/91株；国内的另一个说法是4/91毒株在我国极少流行，而4/91株免疫后，我国流行毒株感染仍然可以发病，同时4/91株免疫后散毒严重，因此不建议使用4/91株免疫。

因此，使用4/91株免疫存在很大的争议。

（3）对于嗜肾型IB，LDT-3株能提供很好的保护作用。现在临床上出现貌似嗜肾型和呼吸型的结合体，鸡既表现出腹泻、花斑肾症状，又表现出气管炎症、干酪物，支气管堵塞症状，推荐用LDT-3+QX株。

2. 对症治疗

病毒感染机体后，必定要寄生在机体的细胞中才能生存、繁殖，因而通过增强机体的免疫力，激发和调动机体的免疫防御系统间接发挥抗病毒作用这一途径尤为重要。

（1）IB的治疗原则是减轻症状，所用药物以利尿、解毒为主，如饮水中投优质电解质。

（2）采用中药，治疗原则是清热解毒，宣肺泄热，润肺止咳，抑菌止泻，如双黄连/麻杏石甘汤。

①呼吸型IB。肺热咳喘，以平喘止咳为主要方向，清热解毒。气管有黏液的用麻杏石甘汤，其含有的麻黄碱和麻黄挥发油有拟肾上腺素样作用，通过释放递质，直接激动α-肾上腺素和β-肾上腺素受体，松弛支气管平滑肌，平喘，镇咳，去痰，抗炎，稀释痰液，扩张支气管。同时，苦杏仁苷在体内能被肠道微生物酶或苦杏仁本身所含的苦杏仁酶水解，产生微量的氢氰酸与苯甲醛，对呼吸中枢有抑制作用，达到镇咳、平喘作用。甘草主要成分有甘草黄酮、甘草浸膏、甘草酸及甘草次酸，其中甘草黄酮、甘草浸膏及甘草次酸均有明显的镇咳作用，祛痰作用也较显著，甘草浸膏和甘草酸对某些毒物有类似葡萄糖醛酸的解毒作用，石膏具有解热作用，可以治疗多病因造成的支气管堵塞症状。

②嗜肾型IB发病的根源是温差过大和肾寒。防控理念是温补肾阳，提升机体阳气，如黄芪多糖。

③嗜腺胃型IB发病的根源是饲料霉变或蛋白过高，体湿过大，肝气郁结。防控理念是健脾和胃，疏肝利胆。

（3）降低饲料中的蛋白，减少肾脏负担，在饲喂配合饲料的基础上额外添加10%的破碎玉米，混合均匀即可饲喂。

在许多试验研究中，以祛邪药白花蛇舌草、金银花和扶正药黄芪、甘草等组成抗病毒复方制剂，用于ND、IBD、鸭病毒性肝炎（DVH）、H9亚型AI和禽肿头综合征等疾病自然发病家禽的治疗。研究也已证实中药能够提高家禽生产性能、提高机体免疫力、增强疫苗保护力，并且很好地解决了耐药性和药物残留问题。中草药与抗生素及其他替代品相比，具有明显优势，由于其顺应了当今回归自然、追求生态健康食品和健康消费的潮流，越来越受到生产者和消费者的青睐，有着广阔的市场开发前景。

第四节　天然药物在禽支原体感染中的应用

目前已从各种禽类分离到支原体近30种。其中，具有明显致病性的有3种，即鸡毒支原体（MG）、滑液支原体（MS）、火鸡支原体（MM）。鸡毒支原体感染引起慢性呼吸道病（CRD）；滑液支原体感染引起骨关节、滑膜和肌腱鞘炎；火鸡支原体感染引起骨骼异常和严重的气囊炎。禽支原体病危害的鸡只死亡率一般可达20%～30%，发病率可高达90%以上，体重减少38%，饲料转化率降低21%。在肉鸡中，MG与其他致病菌可引起禽慢性呼吸道病，此病可导致死亡率、淘汰率及加工过程中废弃率上升；在产蛋母鸡中，MG的暴发除造成死亡率上升外，其真正危害在于造成产蛋量下降5%～10%。

一、病原特点

在1898年发现，禽支原体是介于细菌与病毒之间的能独立自我复制和无生命培养基上独立生活的最小的原核微生物，属于软膜体纲（Mollicutes）支原体目（Mycoplasmatales）支原体科（Mycoplasmataceac）支原体属（*Mycoplasm*）成员，双链DNA，直径50～300 nm，无细胞壁，可滤过，需氧或兼性厌氧微生物，可在鸡胚绒毛尿囊膜或细胞中培养生长，现发现80多种，在5% CO_2+血清+琼脂3～5 d可见荷包蛋菌落或圆房样菌体。外层细胞膜主要由蛋白质和脂类构成，形态多样，如球形、丝状等。支原体对外界环境的抵抗力不强，离开鸡体后很快失去活力。在18～20℃的室温下可存活6 d；45℃、1 h杀灭，50℃、20 min即可失去毒力，常用的消毒药可迅速杀死。其主要通过二分裂繁殖，可在含有胆固醇等特殊营养成分的培养基中培养，生长速度较其他普通细菌慢且对培养基成分要求严格，不利于临床培养诊断。

二、传播特点

既能垂直传播也能水平传播，在出壳雏鸡中有1个支原体感染，经过21 d可传播4只。在冬季、夏季发生较多，温度升高与禽支原体感染率增高呈正相关。从研究涉及的北方和南方地区的研究数据可以看出，即使均为南方地区，由于经纬度的差异也存在流行季节的明显差异，说明禽支原体感染与地域气候及季节密切相关。肺炎支原体感染存在性别差异，且多数研究表明，母鸡较公鸡更易感染，但并不是各日龄阶段均存在性别差异，也有少数研究表明禽支原体感染无性别差异。

三、发病特点

禽支原体病主要发生在1～2月龄的幼雏，病初见鼻液增多，流出浆性和黏性鼻液，初为透明水样，后变黄较浓稠，常见一侧或两侧鼻孔堵塞，病鸡呼吸困难，频频摇头，打喷嚏。鸡冠、肉髯发紫，呼吸啰音，夜间更明显。初期精神和食欲尚可，后期食欲减少或不食，幼鸡生长受阻。成鸡的症状与幼鸡基本相似，但较缓和。病鸡食欲不振，不活泼，多呆立一隅，有气管啰音，流鼻液，咳嗽。公鸡症状较母鸡明显，但母鸡产蛋量、蛋孵化率和孵出雏鸡的成活率均降低。

四、培养特点

培养基中需加入10%～15%的灭活的猪、禽或马血清和酵母浸出液才能生长。至少培养3～5 d，才能形成表面光滑、圆形、透明、中央突起、呈乳头状、如煎蛋状或草帽状、边缘整齐、直径0.2～0.3 mm的细小菌落。在马新鲜血琼脂上能引起溶血，最适培养温度为37～38℃，最适pH值为7.8。MG用吉姆萨或瑞氏染色着色较好，呈淡紫色，革兰氏染色时着色淡，呈弱阴性，大小0.25～0.5 μm。在电子显微镜下观察形态不一，一般为球形、卵圆形，有时为棒状、球杆状。在4℃冰箱中可以存活10～14年，肉汤培养物-60℃保存10年之后仍可培养成功。

五、目前状况

我国特殊的养殖环境和净化造就了其感染的普遍性，且呈逐年上升的趋势。病鸡早期以气囊炎为特征，最常表现为亚临床型上呼吸道感染。与大肠杆菌混合感染可引起慢性呼吸道病，与传染性支气管炎或新城疫并发则形成复合性慢性呼吸道病（CCRD），MG疫苗免疫对MS感染会有一定抑制作用，但保护力不足，MS防控应尽早着手。种鸡经常出现的支原体（MG、MS）阳性率过高，可能是祖代鸡携带而来或是环境污染所致，由于近几年肺炎支原体耐药率呈上升趋势，更需要加强对肺炎支原体病原分离方法的建立及其病原特点的研究。

六、防控措施

种鸡要从该病净化的祖代场引进，加强疫苗污染支原体的检测力度。

1. 祖代鸡支原体的净化

祖代鸡支原体的净化是种鸡通过支原体疫苗获得免疫的良好保证，否则易在种鸡免疫支原体疫苗时出现疫苗反应。

2. 免疫

加强生物安全，在支原体免疫前不受支原体污染；3～4周时对于建场5年以上的建议免疫F株，其他建场时间的可以免疫TS-11株，间隔10周免疫支原体多价灭活苗，20周再重复接种1次多价灭活苗。

3.对症治疗

支原体没有细胞壁不能用青霉素和头孢类药物。可用其他抗生素或化学合成药物治疗，但仅局限于产生的不合格种蛋不外卖的情况，也可用大环内酯类抗生素与中药协同联合应用来防治，对已发病的鸡先用药至少5 d，间隔3 d再重复用药1次，2 d后免疫。

支原体感染可以通过服用中药进行治疗。支原体感染肺部会出现咳嗽、咳痰等症状表现，可以使用麻杏石甘汤或者是小青龙汤等中药进行加减治疗。强效瘟囊神康散对支原体有杀灭作用，能调节机体免疫功能，排除免疫抑制，促进抗体的提高，同时也可增加呼吸道黏膜的防御能力。

由金银花和黄芩组成的天然康，其主要活性成分为黄芩苷、绿原酸，其有抑制病毒、支原体及引起的呼吸道病的功能应用，效果俱佳。其原理是其通过作用于50S核糖体亚基，通过阻断转肽作用和mRNA位移而抑制生物蛋白质的合成。其还能保护呼吸道黏膜上皮，能抑制肺炎支原体感染肺组织中有关细胞过度表达的上皮钙黏附素，有助于保证气道上皮细胞完整性、促进上皮损伤的再生修复及细胞的聚集和转移；通过对反复肺炎支原体感染的大鼠使用天然康干预可提高谷胱甘肽过氧化物酶（GSHPx）的活力，护肝解毒，抑制感染大鼠肺组织中有关细胞过度表达碱性成纤维细胞生长因子（bFGF）及血小板衍生生长因子BB（PDGF-BB），减少纤维化。

实践证明，支原体与大肠杆菌一样是体内常见微生物，要想根除或净化很难，但如果采取严格科学的饲养管理、种源净化、环境管理及保健防疫管理措施，严格选用饲料原料及疫苗，消除或减少各种应激因素，对畜禽定期进行体检，还是能达到比较理想的效果和效益指标。

第五节　天然药物在腺病毒感染中的应用

腺病毒（FAdV）无包膜，近似球形，直径为70～90 nm，线状双链DNA，由252个壳粒呈二十面体排列构成，每个壳粒的直径为7～9 nm。自20世纪50年代发现并成功分离腺病毒以来，已陆续发现了100余个血清型，其中人腺病毒有49种，分为A、B、C、D、E和F 6个亚群。腺病毒感染是家禽和野禽比较常见的传染病之一，哺乳动物和鱼类也存在，腺病毒对呼吸道、胃肠道、尿道和膀胱、眼、肝脏等均可感染，呼吸道感染的典型症状是咳嗽、鼻塞和咽炎，同时伴有发热、寒战、头痛和肌肉酸痛等。腺病毒基因组全长为40～46 kb，基于全基因组的限制性片段长度多态性分析及交叉中和试验分别可将FAdVs分为A、B、C、D、E 5个种，12个血清型（1～8a，8b～11）。

一、病原特点

对环境抵抗力较强，室温下存活6个月，耐热耐酸；没有脂质囊膜对乙醚和氯仿有抵抗力，0.1%甲醛可以灭活，禽的腺病毒分为3个亚群，Ⅰ亚群与Ⅱ、Ⅲ亚群在抗原关系上明显不同，1型分A、B、C、D、E 5个种，12个血清型，鸭群中分离到1个血清型，鹅群中分离到3个血清型，具有高度的种群特异性，少数的可种间传播，其中的1型和4型具有明显的致病性，1型致鹌鹑支气管炎，4型则致鸡包涵体肝炎。

二、传播特点

腺病毒既可粪口等水平传播也可经胚垂直传播，造成隐性感染。

1. 水平传播

如空气和粪便间接传播，禽的精液、黏液的直接传播，人为器具的水平传播；腺病毒常在鸡群中存在，甚至在SPF鸡中也存在，且无法查出该病毒。有时在1日龄分离到，病毒可能在3周龄才排出，肉仔鸡则在4~5周排毒，特别注意来自不同的种鸡场的苗鸡存在交叉感染，产蛋鸡则在5~9周排毒，14周仍会有排毒情况。令人疑惑是，在一个养殖场经常分离到几个血清型，甚至同一只鸡中也可能分离到几个血清型，这说明血清型间交叉保护差。

2. 垂直传播

育成期感染腺病毒，在产蛋禽产蛋高峰前后又会出现二次排毒，而把病毒传到下一代。

三、目前状况

2014年以来，国内鸡群在5~11周龄陆续出现了呼吸道综合征和肝肺综合征病例，蛋鸡、肉鸡、肉种鸡和三黄鸡都有发病。发病鸡的消化道、呼吸道等多种器官都有病变，尤以腺病毒肺炎最为常见，剖检后心包腔内有淡黄色积液，同时出现肺水肿、肝脏肿胀变色等病变。流行病学调查发现，国内目前存在着FAdV-C、FAdV-D、FAdV-E感染，分布在肉鸡、蛋鸡、鸭、鹅、鸵鸟等禽类群体中。在FAdVs的12个血清型中，FAdV-4型是引起肝肺综合征的主要病原体，表现为产蛋下降综合征、鸡包涵体肝炎、肉仔鸡和火鸡呼吸道综合征、鹌鹑支气管炎等，其他型致病性较轻。鸭群可以不表现临床症状，但能持续排毒，形成潜在的传染源，病毒从鸭群向鸡群传播加大了该病发生的风险和防控难度。

四、免疫特性

1. 抗原特性

禽Ⅰ群存在共同抗原的群特异性，与人的腺病毒特异性抗原存在明显的不同，不同亚群的抗原也存在明显的不同，同亚群间产生抗体有强阳性的反应。

2. 抗体特征

免疫1周产生中和抗体，但3周才能达到高峰，存在血清中和抗体形成与终止排毒时间的一致性，但也有二次感染的可能性，引起免疫器官如法氏囊、脾脏等免疫细胞缺失导致免疫抑制。

五、防控措施

防控难点是许多腺病毒在健康禽的体内可以复制，并且临床表现症状很轻或没有症状，给管理造成误区，当与其他病原微生物共同感染时，加重病情。

1. 加强管理

加强养禽场生物安全和饲养管理，切断传播途径和减少应激反应，防止病毒在禽类群体中因交叉感染而持续存在，同时保障禽类疫苗中不污染FAdV。

2. 防疫

基于禽I亚群的共同抗原的特异性，在上一代进行育成期2次灭活苗免疫，其商品代5~7日龄进行灭活苗免疫；出现异常进行检测分类，实行二价灭活苗免疫。

3. 对症治疗

临床尚缺乏针对腺病毒的特效药，实践证明许多中药对机体有抗病毒和调节免疫功能的作用，可见中药在治疗腺病毒感染方面具有广阔的应用前景。黄芪多糖是自黄芪中提取的高纯度药物，采用噻唑蓝法、细胞病变效应法等方法证明部分细胞发生病变，具有提高机体免疫力和抗病毒等作用，并且其病变程度随着药物浓度的增加而降低。研究证明，广藿香油具有体外抗腺病毒的作用，其单体成分广藿香醇与广藿香酮也具有抗病毒作用，以广藿香醇在抑制腺病毒方面作用最为显著。紫草素是一种主要存在于紫草干燥根部的萘醌类化合物，因其能抑制病毒在宿主细胞内的复制而起到抗腺病毒的作用。穿心莲总内酯能够通过抑制Bax蛋白表达的上调发挥体外抗腺病毒的作用，其通过引入亲水基团而改变空间结构并增强活性，可有利占据病毒复制时DNA与蛋白质的结合位点，阻止蛋白质对DNA片段的包裹从而阻断病毒DNA的复制。

双黄连具有清热解毒和辛凉解表的功效，临床治疗外感风热引起的发热、咳嗽、咽痛，具有抗菌、抗病毒和增强免疫等作用。沈斯瑶等建立腺病毒3型毒株感染小鼠模型，灌胃给予高、中、低剂量双黄连片，结果表明双黄连片能够抑制病毒吸附穿入、生物合成及成熟释放，腺病毒感染小鼠的死亡率明显降低，延长肺炎小鼠的存活时间，降低肺炎小鼠的肺指数。采用儿童型双黄连口服液治疗72例上呼吸道感染儿童，结果治疗组有效率（91.67%）明显高于给予利巴韦林片和复方氨酚烷胺片的对照组（69.44%）。此外松针油、肉桂醛、穿心莲内酯磺化物、甘草提取物等也具有不同程度抗腺病毒的作用。

第二章

天然药物在家禽细菌性疾病中的应用

第一节　天然药物在沙门菌病中的应用

沙门菌普遍存在于集约化养殖场，也是一种重要的卵传细菌性传染病。沙门菌病是多种沙门氏菌引起的禽类疾病总称，据病原体可分为由鸡白痢沙门菌引起的鸡白痢，由鸡伤寒沙门菌引起的禽伤寒，以及由带鞭毛可运动的沙门菌引起的禽副伤寒。

一、病原特点

1. 鸡白痢沙门菌

鸡白痢沙门菌属肠道杆菌沙门菌属，具有高度专一宿主的特点，只有O抗原，没有H抗原，有O1、O9、O12抗原，标准株以O123为主，O122少，变异株的这2个抗原含量则相反，两端钝圆的细长杆菌，单个存在，需氧兼性厌氧，对热和消毒剂敏感，环境中2～3周死亡，育成产蛋期也有发生，感染通常是终身的。

2. 鸡伤寒沙门菌

鸡伤寒沙门菌比鸡白痢沙门菌粗短，两端着色略深，成年禽易发，6月龄前也可发生。

3. 副伤寒沙门菌

副伤寒沙门菌不产生芽孢，有鞭毛能运动，有B、C、D、E血清型，鼠伤寒、海德堡、肠炎沙门菌是主要的血清型，兼性厌氧，对热和消毒剂敏感，60℃、3 min杀灭，3周龄前易感，3周龄后为带菌或无症状感染者。

二、传播特点

1. 鸡白痢

鸡白痢的传播中，母鸡比公鸡易感，种蛋是主要传播途径。

2. 禽伤寒

伤寒可经多种途径传播，包括垂直传播和水平传播，可通过鼠传播。

3. 禽副伤寒

副伤寒沙门菌在环境中存活和增殖是传播的主要因素，包括垂直传播、环境传播、饲料及人为传播等，大多数温血动物和冷血动物，传播迅速。

三、培养特点

1. 鸡白痢沙门菌

鸡白痢沙门菌用普通肉汤琼脂平板直接分离，肝取样，其他病变组织也可取样，用硫酸铵沉淀试验来区分标准株、变异株和中间株。310 g/L硫酸铵时，标准株悬液上部变清，变异株无影响，而中间株部分变清；470 g/L硫酸铵时，变异株和中间株悬液上部才变清。

2. 鸡伤寒沙门菌

鸡伤寒沙门菌参考鸡白痢沙门菌，不新鲜的菌液用增殖肉汤或选择性培养基。鸟氨酸培养基中不脱羧可用于与鸡白痢沙门菌区分。肝脾取样，雏鸡则卵黄取样。

3. 禽副伤寒沙门菌

禽副伤寒按照国家标准培养即可，但在增菌时42.5℃±0.5℃，不产吲哚而产硫化氢，甲基红试验阳性，VP试验阴性。

四、防控措施

家禽沙门菌病主要根据沙门菌各自的传播途径采取针对性的措施。

1. 净化

净化是最有效的措施，从饮水处理、饲料处理和与禽密切接触的环境垫料等都要进行杀灭处理，防止交叉污染，采取必要的生物安全与兽医卫生措施。

2. 抗生素治疗

抗生素和化学合成药需要先进行药敏试验再用药。这样治疗后既能减少死亡率，又能减少耐药菌的产生。

3. 中药治疗

绿原酸主要存在于金银花、山银花、杜仲叶和咖啡豆等天然植物中，属于苯丙烯酸酯类多酚物质，具有抗氧化、抗炎、抑菌、抗病毒及抗癌等功效。对包括大肠杆菌、沙门菌、痢疾杆菌、假单胞菌属及幽门螺杆菌属等革兰氏阴性菌和包括金黄色葡萄球菌、芽孢杆菌、链球菌及其他葡萄球菌属等革兰氏阳性菌均有明显的抑制作用。有研究者认为绿原酸抑菌作用是由于绿原酸协同抑制了细菌细胞壁和细胞膜的合成，并抑制了细菌蛋白和DNA的合成；绿原酸可作用于病原菌的细胞外膜，促使其凹陷和脱落，并降低细胞外膜LPS的含量，使细胞外膜通透性增加，引起细胞内蛋白质和ATP的释放，导致细胞外膜破坏、代谢中断，最终导致细胞死亡。在冷藏鸡肉中评估绿原酸对沙门菌病原体的抗菌活性，发现绿原酸能够改变沙门菌细胞外膜的通透性，促进胞内蛋白质和ATP的释放，并且抑制苹果酸脱氢酶和琥珀酸脱氢酶的活性，破坏细胞膜和细胞代谢，引发细胞死亡。

第二节　天然药物在大肠杆菌病中的应用

家禽大肠杆菌病是由大肠埃希菌引起的一种常见病，其特征是引起心包炎、肝周炎、气囊炎、腹膜炎、输卵管炎、滑膜炎、大肠杆菌性肉芽肿和脐炎等病变。

一、病原特点

大肠埃希菌属革兰氏阴性菌，是家禽体内外常见的菌种之一，成年家禽排出的粪便中存在多量致病性大肠杆菌，具有高致病性的菌株占15%左右。近年来规模化养殖业习惯性使用，长期、大量应用广谱高效的复方抗菌剂导致病原菌不断进化变异，菌株毒力不断增强，而药敏性则不断减弱。

大肠杆菌能够在伊红-亚甲蓝琼脂的作用下显现出比较明显的菌落群体。另外，大肠杆菌还能在常温下进行培养，专业人员将其放入肉汤中培养一段时间后，肉眼便可以发现培养容器的底部有一些白色沉淀物，这些物质性质黏稠，还伴有一定的屎臭味。大肠杆菌的抗原一般包括三种，分别是菌体型、夹膜型和鞭毛型，并且这几种抗原的血清型数量也不尽相同，其中菌体抗原最多，有154个；鞭毛抗原的最少，有49个。大肠杆菌的抵抗能力较弱，一般情况下，60℃的热水0.5 h便可将其杀死，常温下可以存活2个月，在土壤或水中生存时间可能更长一些。

二、传播特点

大肠杆菌可以在家禽肠道中存活，也可以在正常环境中留存。只有在家禽抵抗力出现问题时才会染病。一般不会对健康家禽造成危害，即便如此，依旧要做好疾病防控工作。在环境发生变化时，家禽可能会因应激反应造成身体衰弱，免疫力和抵抗力减弱，为大肠杆菌提供可乘之机。一般情况下，易患大肠杆菌病的家禽主要为鸡、鸭等。16周龄以下的鸡患大肠杆菌病的概率较高，其他年龄阶段也有患病可能。

研究发现，引起该病的主要因素包括以下几方面。一是家禽饲养环境卫生条件差，存在大量病原菌，在环境与大肠杆菌的共同作用下，发病率提高。二是饲养环境的温度和湿度等控制较差，适宜的温度和湿度会加速大肠杆菌繁殖，进而造成家禽大量感染。三是饲喂家禽的饲料出现问题，虽然在一般情况下，给家禽饲喂发霉的食物不会出现太大的问题，但是一旦出现问题，往往是致命的，这些食物含有的大量细菌和病毒是造成家禽生病的根本原因。

三、培养特点

取采集的肝和卵巢病料，划线接种于麦康凯培养基，接种工作采用无菌操作。挑取可疑细菌的典型菌落接种在麦康凯培养基上，37℃环境下培养24 h后，挑取粉红色单个菌落在麦康凯培养基上划线分区，37℃环境下再培养24 h，连续培养3代，得到细菌的纯培养物。

四、防控措施

1. 预防

大肠杆菌存在传染性，大肠杆菌病的预防工作尤为重要。要预防大肠杆菌病首先需要为家禽接种疫苗，还需要通过改良家禽的养殖环境降低感染概率。大肠杆菌是一种条件性致病菌，其致病性与外界环境有重要关联。因此，需做好预防工作，保持场外、笼舍的环境卫生，做好消杀工作，采用氢氧化钠、百毒杀、生石灰、过氧乙酸等重复消杀。另外，可以加一部分药物进行饮水消毒。保持鸡舍通风，抑制笼舍内微生物生长，降低因通风不足导致的大规模感染。可以将治疗中的家禽放置进单独的笼舍中，尽量减少患病家禽与健康家禽混养。治疗期间，加强笼舍消毒工作，降低养殖密度。少量多次地添加饮水和饲料，避免饮食污染。及时处理笼舍内的排泄物与杂物，定时更换垫料，保证治疗环境的卫生情况。对发现不及时或治疗失败的家禽，需要做好善后工作，避免大面积感染，造成较大的经济损失。一般情况下，可采用深埋或焚烧等手段，将病菌消灭，避免大肠杆菌扩散传播。

2. 抗生素治疗

大肠杆菌危害较大，对人类和家禽都具有一定的传染性，可引发一系列并发症。大肠杆菌耐高温，60℃可以存活，并且容易对抗生素产生耐药性，降低药效。大肠杆菌病对大型密集家禽养殖场危害巨大，一旦发现，需要尽早诊断和治疗。同时，也要注意患病家禽的隔离工作和笼舍的消毒杀菌工作。

大肠杆菌对不同药物的敏感性不同。如果长期使用同种药物还会产生耐药性，需要进行联合用药，在使用一种药物一段时间后，需要更换药物。在实际用药时较多采用"霉素类"药物，如庆大霉素、阿米卡星等。用药时需要注意抗生素的用药剂量，避免用药过少，药效不明显。或者用药过多，破坏家禽自体免疫功能，甚至出现家禽身体不耐受的情况。用药时要对家禽情况进行监控，保证用药的有效性，如果家禽用药后没有明显反应，需要及时更换药物。在对家禽用药后需要进行临床观察，对家禽的饮食情况和精神状态进行监测，再根据家禽的恢复情况进行下一步规划。在治疗的同时也要注重防控措施，提高治疗效果。为了防止大肠杆菌产生耐药性，需要在治疗前进行药敏试验，避免无效用药。

3. 中药治疗

为对中药的药物作用机理有明确的认识，通常采用单一的中药对大肠杆菌进行治疗，发现单味的中草药能对多个靶点调整机体的自身免疫能力，提高动物机体特异性和非特异性免疫力，达到抗菌作用。科研人员对125味中药进行药敏试验，发现能对鸡大肠杆菌有作用的药物达到57味，占总测试药的48.25%。在对剩余的中药做进一步的药敏试验后发现，高敏的中药占21味，中敏占18味，低敏占17味，分别占总药物的36.84%、31.57%、29.82%。其中高敏的药物主要包括苦参碱、黄芩、白芍、白头翁、金银花、芦荟、石榴皮等，这充分证明中药对鸡大肠杆菌的作用效果。

由于单味中草药的活性单一，药理性质差，使用单一药物治疗鸡大肠杆菌病时效果不理想。通过协调多种药物的活性成分，提高药物对疾病的控制能力。研究发现，中药复方经配伍后，能取长补短，协同作用，调整家禽机体生理状态。我国在使用复方中药的研究中，对鸡大肠杆菌的防护率达到75%～95%，对大肠杆菌病治愈率为75%～82%。较常规的西药类药物预防率提高45%以上、治愈率几乎相同。中药的优势在于预防，因为西药如果作为预防药物会对机体的正常生理功能有一定影响，造成鸡免疫功能降低，细胞癌变概率加大，同时药物残留因素危害人类的食品安全。而中药无毒、无残留、无副作用可以长期使用。作为长期预防药物，在使用中不会降低机体免疫能力，还会提升机体免疫能力，同时不会造成药物残留，保障人类食品安全，中药还具有消除抗性基因的特点，减少抗药细菌的产生。

第三章

生泰尔家禽呼吸道疾病解决方案

第一节　产品介绍

一、银黄可溶性粉（天然康）国家新兽药注册证书

银黄可溶性粉（天然康）已取得国家三类新兽药注册证书（图3-1）。

图3-1　银黄可溶性粉（天然康）国家新兽药注册证书

二、使用时机

一是病毒及支原体造成的下呼吸道感染时；二是种鸡支原体（MG、MS）阳性率过高时；三是替代大环内酯类抗生素时。

三、作用机理

1.抑制支原体生物蛋白质合成

银黄可溶性粉口服后通过作用于50S核糖体亚基，通过阻断转肽作用和mRNA位移而抑制生物蛋白质的合成。保护呼吸道黏膜上皮：支原体毒株能吸附在易感宿主的呼吸道上皮细胞膜受体上，并相互作用，造成呼吸道黏膜上皮破坏。银黄可溶性粉口服后能抑制肺炎支原体感染肺组织中有关细胞过度表达的上皮钙黏附素，有助于保护气道上皮细胞完整性、促进上皮损伤的再生修复及细胞的聚集和转移。

2. 调节免疫

支原体肺炎的发病和病情程度与免疫抑制、免疫功能紊乱及细胞因子等关系密切。C-Herbs能提高肺炎支原体感染大鼠血清中IgG、IgM、IL-2、IL-6和CD4/CD8含量降低TNF-α和C3补体含量，明显改善肺炎支原体感染大鼠体液免疫和细胞免疫功能低下的状态，提高机体抗肺炎支原体感染的免疫作用。

3. 改善微循环

支原体病的发生与微循环病变有关。银黄口服液明显降低支原体肺炎大鼠的全血黏度和全血还原黏度，提高谷胱甘肽过氧化物酶（GSH-Px）的活力，改善微循环，打断了支原体病的重要环节。

4. 抗纤维化

反复的肺炎支原体感染可导致肺间质纤维化参与支原体肺炎的病变过程。银黄可溶性粉口服后可以抑制反复肺炎支原体感染时大鼠肺组织中有关细胞过度表达碱性成纤维细胞生长因子（bFGF）及血小板衍生生长因子-BB（PDGF-BB），而这2种细胞因子都有促进细胞分裂增殖的作用，导致肺间质纤维化形成。

四、产品成分和功能

1. 产品成分

天然康由金银花和黄芩（图3-2）组成，主要活性成分为黄芩苷、绿原酸。

2. 主要功能

天然康的主要功能为抑制病毒、支原体及其引起的呼吸道疾病。

图3-2　金银花、黄芩

五、产品工艺优势

采用先进的设备和提取工艺，保证产品的质量与功效。工艺制备技术对药效的影响是巨大的，通过以下5种生产工艺，得到有生物活性的天然康，减少高温、氧化作用对绿原酸、黄芩苷等有效成分结构的破坏，最大限度地保留其生物活性，从而使其在临床中发挥抗病毒、抗支原体和抗炎的功效。

1. 超声波低温回流提取技术

超声波破壁和回流萃取技术可以大幅提高提取效率，缩短提取时间，可有效降低有效成分在提取过程中受到高温、长时间水解等影响而损失。低温萃取控制技术可以减少高温对有效成分的结构性破坏。全封闭设备系统可防止有效成分在暴露空气中被氧化（图3-3）。

图3-3　超声波低温回流提取技术

2. 在线高速离心分离技术

离心时隔绝空气，防止有效成分暴露在空气中被氧化；保证有效成分的活性不被破坏。高速离心效率高、处理速度快，降低长时间水解损失，同时减少久置腐败风险（图3-4、图3-5）。

图3-4　在线高速离心分离技术（一）　　　　图3-5　在线高速离心分离技术（二）

3. 负压低温浓缩技术

负压低温浓缩技术可以降低沸点，缩短浓缩时间，防止高温和长时间水解对活性成分的影响（图3-6、图3-7）。

图3-6　负压低温浓缩技术（一）

图3-7　负压低温浓缩技术（二）

4. 超滤分子截留技术

超滤膜分离常规杂质、微生物等，同时可截选不同分子量的化学成分，提高有效成分纯度，并有效控制杂质、微生物等无效或有害成分（图3-8）。

图3-8　超滤分子截留技术

5. 真空喷雾干燥技术

真空喷雾干燥技术能够瞬时干燥并迅速降温，保证有效成分的结构不被持续高温而破坏，从而保证其生物活性。全封闭设备系统可防止有效成分在暴露空气中被氧化（图3-9、图3-10）。

图3-9　真空喷雾干燥技术（一）

图3-10　真空喷雾干燥技术（二）

六、产品质量控制

天然康质量鉴别图谱如下（图3-11至图3-13）。

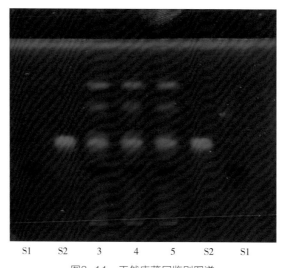

图3-11　天然康薄层鉴别图谱

（S1为黄芩苷标准品，S2为绿原酸标准品，3～5为三批样品的供试品）

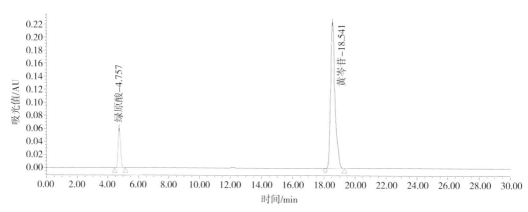

图3-12　标准品色谱图

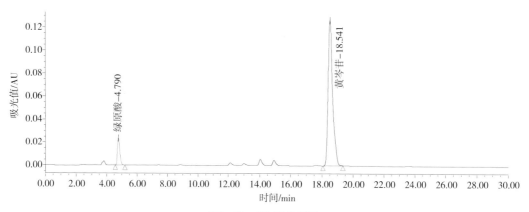

图3-13　供试品色谱图

第二节　生泰方案

生泰方案是北京生泰尔科技股份有限公司汇总多年临床实践经验提出的针对肉鸡、蛋鸡和种鸡常见问题的高效解决方案，该方案可以在保证临床药效的基础上降低药物成本，避免用药指征不明确、给药剂量过大或过小、疗程过长或过短、给药途径不适宜、给药方法不当、合并用药过多、盲目选用贵重药等临床不合理用药现象的发生。

一、肉鸡生泰方案

肉鸡生泰方案见表3-1。

表3-1　肉鸡生泰方案

日龄/d	药物名称	作用
1～7	芪黄素+香连溶液+金解康	提高免疫力、抗应激、预防肠道疾病、肌胃炎
12～15	天然康+锦心口服液	抑制支原体、大肠杆菌，消减免疫应激
22～25	天然康+香连溶液	抑制支原体、肠道有害菌生长，预防病毒性呼吸道疾病
32～35	天然康+香连溶液	抑制支原体、肠道有害菌生长，预防病毒性呼吸道疾病

二、蛋鸡生泰方案

1. 商品蛋鸡存在问题

（1）产蛋期禁用抗生素预防。

（2）各种应激因素造成鸡群抗病力低、易患病。

（3）鸡蛋品质受多种因素影响，易造成生殖系统疲劳。

2. 解决方案

定期添加芪黄素与天然康（表3-2、表3-3）。

（1）增加免疫力、提高免疫效果及对细菌病的抵抗能力。

（2）保护生殖系统繁殖能力，预防输卵管炎，维持高产性能。

（3）预防病毒性呼吸道病及支原体病。

表3-2　蛋鸡生泰方案

日龄/d	药物名称	作用
1~35	芪黄素	1.预防垂直传播的免疫抑制性疾病（CIA、REV、SSA） 2.提高机体的免疫机能和免疫应答能力，提高抗病能力 3.促进肠道发育和饲料的消化吸收，保证育雏前期体重达标
21~28	天然康	降低免疫空白期病毒性疾病发生概率、抑制支原体
70~80	天然康	抑制支原体，降低MS感染率、抗炎
91~100	芪黄素	1.改善由于频繁免疫造成机体非特异性免疫机能下降现象 2.修复各种原因造成的消化道黏膜损伤，保证该阶段母鸡增重达到标准

注：1. 芪黄素200 g拌料1 000 kg，饮水100 g/1 000 kg。

2. 天然康400 g拌料1 000 kg，饮水100 g/500 kg。

3. 天然康活疫苗免疫前后24 h禁用。

4. 锦心口服液1∶1 000倍饮水。

5. 香连溶液1∶（300~500）倍饮水。

6. 以月为单位循环使用。

表3-3　蛋鸡加光-高峰期生泰方案

时间	药物名称	作用
第1周	芪黄素	增强机体免疫力，提高机体抗病能力，维持肠道正常生理机能
第2周	天然康	加光后生殖系统发育迅速，机体抵抗力差，高峰爬坡期降低病毒病发生概率、预防输卵管炎
第3周	锦心口服液	减少输卵管炎症，提高蛋品质
第4周	香连溶液	预防肠道病

注：1. 芪黄素200 g拌料1 000 kg，饮水100 g/1 000 kg。

2. 天然康400 g拌料1 000 kg，饮水100 g/500 kg。

3. 天然康活疫苗免疫前后24 h禁用。

4. 锦心口服液1∶1 000倍饮水。

5. 香连溶液1∶（300~500）倍饮水。

6. 以月为单位循环使用。

三、生泰方案效果

（1）有效控制了免疫抑制，病毒性疾病发生的概率明显降低，有效降低免疫副反应，提高疫苗免疫效果，使用期间正常检测抗体效价，和对照组相比可以提高0.8～1.2个抗体滴度、缩小9%的离散度。降低AI、ND、IB、IBD等感染概率。

（2）在免疫空白期、加光期、产蛋爬坡期、高峰期等鸡群抵抗力低下的时候给予充分的保护，饲养更轻松。

（3）产蛋率相对提高，超过品种正常平均产蛋率0.8%～1.3%，蛋重相对增加0.5～1.2 g，蛋壳厚度一般在0.30～0.40 mm范围内，蛋清黏稠度83～89哈夫值。

四、治疗预案

（1）输卵管炎治疗采用锦心口服液。

（2）上呼吸道病治疗采用果根素。

（3）非典型新城疫采用生泰素+锦心口服液。

（4）低致病性禽流感采用禽多优+锦心口服液+清开素（柴胡口服液）。

（5）肠道病采用香连溶液。

（6）传染性鼻炎、传染性喉炎采用果根素+香连溶液口服，5～7 d，停药后每天用雾线喷雾香连溶液（1∶200倍，连续使用1周），防止复发。

锦心口服液：200 mL兑水200 kg，全天集中给药1次，连续使用5～7 d；

果根素：1 000 mL兑水1 000 kg，全天傍晚集中给药1次，连续使用5 d；

生泰素：200 g兑水300 kg，全天给药计算，早晚各1次，连续给药5～7 d；

清开素：100 mL兑水200 kg，全天给药计算，早晚给1次，连续给药2～3 d；

香连溶液：1 000 mL兑水300～500 kg，饮水6～8 h，连续使用5～7 d。

（7）每月需要检测项目有ND和AI抗体值、药敏试验、饲料霉菌总数、鸡场水源细菌数。

五、种鸡生泰方案

种鸡生泰方案见表3-4。

表3-4　种鸡生泰方案

日龄/d	药物名称	作用
1～35	芪黄素	1.预防垂直传播的免疫抑制性疾病（CIA、REV、SSA） 2.提高机体的免疫机能和免疫应答能力，提高抗病能力 3.促进肠道发育和饲料的消化吸收，保证育雏前期体重与胫长达标
21～30	天然康	净化支原体降低MG、MS感染率，抗炎
70～80	天然康	净化支原体降低MG、MS感染率，抗炎

（续表）

日龄/d	药物名称	作用
91～100	芪黄素+天然康	1.净化支原体（MG、MS） 2.增强特异性免疫机能，提高抗体值
130日龄至淘 汰前1个月 每月10 d	芪黄素+天然康	净化抑制支原体、抗炎、提高生产性能与健雏率

效果评估：1. 90日龄后采血检测ND、AI抗体值，平均提高0.8～1.2个抗体滴度。

2. 支原体免疫鸡群采用ELISA检测抗体值，控制在6 000～8 000个单位安全值以内。

3. 65周内综合评价多生产出3.2只雏鸡。

添加剂量：1. 芪黄素拌料200 g/t。

2. 天然康拌料400 g/t，前期如饮水给药时按照拌料剂量减半。

温馨提示：活苗免疫时，天然康的间隔时间为免疫前后36 h。

案例篇

天然康对人工感染鸡毒支原体（MG）野毒R株的防控试验研究报告

鸡毒支原体作为家禽临床多发常见的慢性传染病，因其长期的生产性能损失和破坏呼吸道生理机能导致病毒性呼吸道病原的继发感染概率增加，受到生产企业的重视，在研究探讨疫苗免疫的同时，药物预防一直在发挥重要作用，而国家限制抗生素使用的要求使控制支原体的药物面临停用的现状，出于寻找替代抗生素预防治疗支原体感染的需要，在确认银黄粉体外抑制支原体有效的前提下，开展了银黄粉对人工感染鸡毒支原体（MG）野毒R株（MG-R株）的防治试验。通过SPF鸡和商品肉鸡的试验，验证了天然康（银黄可溶性粉）在人工感染MG-R株前后饮水使用的预防效果，试验数据显示，天然康预防剂量（1 L水添加0.5 g天然康）在攻毒前3 d和攻毒后2 d使用，比较攻毒组和治疗组，可以减少攻毒后的呼吸系统气囊和滑液囊的病变总分、提高体增重，降低料重比，MG-R株感染后的病原分离阴性，为支原体抗生素限制使用后提供了替代产品，解决鸡毒支原体预防与治疗对抗生素的依赖性。

1 引言

鸡毒支原体是危害养鸡生产的重要疫病，其感染途径有经种源垂直传染和同群阳性鸡的水平感染，感染支原体的肉鸡和种鸡，呼吸道和生殖道的正常生理结构被破坏，生理机能降低，临床出现呼吸道病、产蛋下降、蛋品和雏鸡质量降低，给养殖业造成隐形经济损失。目前防治支原体病的主要措施是种鸡进行疫苗接种，但免疫对支原体的防治作用仅限于降低临床病变，不能完全控制阳性鸡的带毒散毒和垂直传染。肉鸡因生长期短，有效的疫苗免疫防治措施仍在探讨中，药物预防是种鸡和肉鸡预防治疗支原体病的主要措施，大环内酯类、截短侧耳类及四环素类是常用的防治药物。受国家停止饲料添加抗生素和现场停止使用与人类医学关系密切抗生素等政策的限制，以上抗生素在饲料和临床的使用会被陆续停止。限抗后的支原体有效防治措施亟待研究，选择对支原体有杀灭和抑制作用的非抗生素类中药是行业在限抗后的选择之一。

本试验选择的中药制剂"天然康"，验证天然康在鸡体内对鸡毒支原体的杀灭和抑制效果。为支原体感染的预防和治疗提供试验依据。

2 试验材料和方法

2.1 试验材料

2.1.1 试验动物

1日龄SPF海兰白鸡60只，种蛋购自北京梅里亚维通实验动物技术有限公司，由大连华康成三牧业有限公司孵化雏鸡，商品代白羽肉鸡60只，以上试验鸡饲养于严格消毒具有空气过滤装置的SPF生物隔离器中，按照品种要求自由采食饮水通风光照。

2.1.2 试验药品及试剂

商品名为天然康，通用名为银黄可溶性粉，生产厂家为北京生泰尔科技股份有限公司。

2.1.3 试验菌株

MG-R株，由成三检测中心购自天津瑞普生物科技有限公司。试验前检查菌液颜色，判断其菌体含量达到1×10^8 CCU/mL后备用。每次试验前均使用MG-R株引物进行PCR试验定性和比浊试验定量。

2.1.4 仪器耗材

隔离器，恒温摇床，移液器，电子秤，注射器，解剖剪等常规耗材。

2.1.5 PCR引物

引物设计根据Genbank公布的MG 16S-23S-5S rRNA（根据Genbank上MG-R株（登录号AE015450.1）的$pvpA$基因序列和MG-F疫苗株（登录号S56395）假定的α磷酸海藻糖酶基因序列，用引物设计软件Primer 5.0设计两对引物（R1、R2和F1、F2），预期扩增的目的片段大小分别为330 bp和444 bp（表1）。通用引物引自农业行业标准禽支原体PCR检测方法（NY/T 553—2015）。3个引物均由英潍捷基（上海）贸易有限公司合成。

表1 检测MG-R株和MG-F疫苗株的PCR引物

引物名称	序列（5'→3'）	片段大小/bp
R1	AGAATGCTCATCCAGGTCAAC	330
R2	GGTGTAGACCATTTGGCATTG	
F1	GGAGTGCTTGAGAGTATGTTG	444
F2	AGATCCCAATTAGGATCATAA	
通用上游	GAGCTAATCTGTAAAGTTGGTC	185
通用下游	GCTTCCTTGCGGTTAGCAAC	

2.2 试验方法

2.2.1 试验分组

60只1日龄SPF鸡和60只商品代白羽肉鸡各随机分为4组，SPF鸡饲养到32日龄、商品肉鸡饲养至5日龄，开始试验处理，试验处理见表2和表3。

表2　SPF鸡试验处理

组别	鸡数量/只	用药日龄/d	给药途径	用药剂量/（g/L）	攻毒日龄/d	攻毒剂量/（CCU/mL）	攻毒途径	剖检日龄/d	剖检数量/只
空白对照组	15	无	无	无	无	无	无	43	5
攻毒对照组	15	无	无	无	35	1×10^8	喷雾	43	7
天然康预防组	15	32～37	饮水	0.5	35	1×10^8	喷雾	43	5
天然康治疗组	15	35～37	饮水	1	35	1×10^8	喷雾	43	5

表3　商品肉鸡试验处理

组别	鸡数量/只	用药日龄/d	给药途径	用药剂量/（g/L）	攻毒日龄/d	攻毒剂量/（CCU/mL）	攻毒途径	剖检日龄/d	剖检数量/只
空白对照组	15	无	无	无	无	无	无	15	5
攻毒对照组	15	无	无	无	8～10	10^8	喷雾	15	5
天然康预防组	15	5～11	饮水	0.5	8～10	10^8	喷雾	15	5
天然康治疗组	15	11～13	饮水	1	8～10	10^8	喷雾	15	5

2.2.2 试验效果评定标准

一般症状观察：试验期间观察雏鸡的精神状态、采食饮水、行为活动、粪便以及鸡只死亡等情况。

死亡率：凡在试验期间出现明显的鸡毒支原体感染的临床症状并死亡的尸体，进行剖检并从鼻、气管分泌物及肺与气囊等组织取样做MG-R株的PCR试验，病原分离阳性确认为攻毒死亡，统计攻毒死亡率。

体重与料重比：各组鸡分别于试验前、攻毒前和试验后称量体重，计算每组试验鸡的平均增重。每次试验处理前清理料筒余料，统计前段耗料量，计算料重比。

胸腹气囊病变积分：各试验组于试验处理后5～7 d和14 d，每组随机抽取5只鸡进行剖检，采用盲评方法进行评分，统计每组每只鸡平均分数，评分标准如下。

气囊评分标准如下。0级，气囊膜清洁，薄而透明，记0分。1级，气囊膜轻度浑浊增厚，记1分。2级，气囊部分区域有灰白色和泡沫样渗出物，气囊膜中度增厚，记2分。3

级，大部分气囊布满黄白色干酪样渗出物，记3分。4级，严重的气囊炎，整个气囊布满黄白色干酪样渗出物，气囊增厚，记4分。

滑液囊病变评分：胸软骨皮下滑液囊位置，出现多量黏液，黏液发黄级、有泡沫样变记1分。

统计各组每个病变评分总值进行比较。

2.2.3 病原分离

各组试验鸡于攻毒后5~7 d、14 d，随机抽取5只鸡进行剖检，取每只鸡的气囊、肺、气管组织合并样品，做MG-PCR试验，统计阳性率。

2.2.4 病理组织学检查

各组试验鸡于攻毒后6 d、14 d，随机抽取5只鸡进行剖检，取每只鸡的肺、气管组织甲醛固定、做病理组织学检查，统计病变率。

3 试验结果

3.1 天然康对SPF鸡人工感染MG-R株的试验结果

3.1.1 天然康对SPF鸡人工感染鸡毒支原体的病理变化

SPF鸡饲养至32日龄、预防组于32~35日龄连续3 d饮水天然康可溶性粉，剂量1 L水兑0.5 g，35日龄进行MG-R株的喷雾感染，感染剂量1×10^8 CCU/mL，每只鸡1 mL，感染后继续用药2 d；治疗组于35日龄感染MG-R株，剂量和方法同预防组，感染后连续用药3 d，用药剂量1 g兑1 L水；攻毒组不喂药，于35日龄与预防组和治疗组同时感染MG-R株，空白组不喂药不感染MG-R株。攻毒后除空白组外其他各组均出现一过性眼肿、眼结膜潮红充血。人工感染后6 d，每组随机选择5只鸡，进行病理剖检和病原检测。检查结果见表4，攻毒组病变总分最高、治疗组和预防组低于攻毒组但高于空白组。病变主要表现前胸气囊浑浊增厚，胸龙骨皮下滑液囊黏液增加发黄出血，气管环试验各组无差异。SPF鸡的人工感染试验的病变组织PCR试验阴性。

表4 SPF鸡感染支原体野毒后组织病变统计　　　　　　　　　　　　单位：分

组别	滑液囊	胸气囊	腹气囊	气管环评分	评分合计
空白组	0.20 ± 0.45	0.40 ± 0.55	0.00 ± 0.00	1.03 ± 0.06	1.63
预防组	0.60 ± 0.55	0.60 ± 0.55	0.20 ± 0.45	1.10 ± 0.17	2.50
治疗组	0.40 ± 0.55	0.80 ± 0.45	0.00 ± 0.00	1.00 ± 0.00	2.20
攻毒组	1.00 ± 0.00	0.86 ± 0.90	0.14 ± 0.38	1.00 ± 0.00	3.00

3.1.2　天然康处理对SPF鸡人工感染支原体增重和料重比的影响

各组鸡于每次试验处理前后称体重，统计喂料量计算体增重和料重比，试验结果如表5所示。35日龄人工感染MG-R株后36～43日龄，预防组增重最高180 g，料重比最低1.98，治疗组其次，攻毒组和空白组增重最低料重比最高。

表5　SPF鸡体增重和料重比统计

组别	20～35 d			36～43 d		
	采食量/g	增重/g	料重比	采食量/g	增重/g	料重比
空白组	593.64	219.11	2.71	320.00	143.89	2.22
预防组	582.00	210.50	2.76	357.14	180.00	1.98
治疗组	585.50	217.75	2.69	328.13	145.42	2.26
攻毒组	590.91	208.00	2.84	301.11	129.64	2.32

3.2　天然康对商品肉鸡人工感染MG-R株的试验结果

3.2.1　天然康对商品肉鸡人工感染MG-R株的病理变化

商品肉鸡饲养至5日龄、预防组于5～8日龄饮水天然康可溶性粉1 L水兑0.5 g，连续用药3 d于8～10日龄，连续3 d喷雾MG-R株，感染剂量1×10^8 CCU/mL，每只鸡1 mL，感染后继续用药2 d；治疗组于8～10日龄，连续3 d喷雾MG-R株，感染剂量1×10^8 CCU/mL，每只鸡1 mL，感染3 d后连续用药3 d 1 L水兑1 g；攻毒组不喂药，于8～10日龄与预防组和治疗组同时感染MG-R株，空白组不喂药不感染MG-R株。攻毒后除空白组外其他各组均出现一过性眼肿、眼结膜潮红充血。感染后预防组5 d、治疗组2 d、感染后预防组12 d治疗组9 d，每组随机选择5只鸡，进行病理剖检和病原检测。检查结果见表6，感染支原体野毒后5 d，攻毒组病变总分最高，预防组其次，预防组高于治疗组，PCR试验攻毒组和治疗组检测到MG-R株1/5和2/5，预防组和空白组未检测到支原体野毒株。感染MG-R株后12 d剖检，治疗组病变总分最高，预防组除滑液囊外，气囊无病变，PCR试验全部阴性。

表6　商品肉鸡感染支原体野毒后组织病变检查结果

组别	滑液囊/分		胸气囊/分		腹气囊/分		合计/分		PCR结果占比	
	5 d	12 d	5 d	12 d	5 d	12 d	5 d	12 d	5 d	12 d
空白组	0.4 ± 0.55	0.2 ± 045	0.0 ± 0.00	0.2 ± 0.45	0.0 ± 0.00	0.0 ± 0.00	0.4	0.4	0/5	0/5
预防组	1.2 ± 0.84	1.2 ± 0.84	0.4 ± 0.55	0.0 ± 0.00	0.0 ± 0.00	0.0 ± 0.00	1.6	1.2	0/5	0/5

（续表）

组别	滑液囊/分		胸气囊/分		腹气囊/分		合计/分		PCR结果占比	
	5 d	12 d	5 d	12 d	5 d	12 d	5 d	12 d	5 d	12 d
治疗组	0.8 ± 1.10	1.2 ± 0.84	0.6 ± 0.55	0.6 ± 0.55	0.0 ± 0.00	0.0 ± 0.00	1.4	1.8	2/5	0/5
攻毒组	1.0 ± 1.00	1.0 ± 1.00	0.6 ± 0.55	0.6 ± 0.89	0.6 ± 1.34	0.0 ± 0.00	2.2	1.6	1/5	0/5

3.2.2 天然康对商品肉鸡人工感染MG-R株的体重和料重比的影响

各组试验鸡于每次试验处理前后称体重，统计喂料量，计算料重比，试验结果表8显示，5日龄感染MG-R株后9～14日龄，治疗组增重最高193 g，料重比最低1.31，预防组其次，攻毒组增重最低。感染后15～22日龄，预防组增重最高520 g，治疗组增重高于攻毒组，攻毒组增重最低料重比最高（表7）。

表7 商品肉鸡感染支原体野毒后体重料重比统计

组别	9～14 d			15～22 d		
	采食量/g	增重/g	料重比	采食量/g	增重/g	料重比
空白组	283.33	188.67 ± 54.20	1.50	682.50	502.50 ± 178.83	1.36
预防组	268.33	191.33 ± 29.79	1.40	753.50	520.50 ± 53.36	1.45
治疗组	252.67	193.00 ± 35.35	1.31	680.00	484.00 ± 82.79	1.40
攻毒组	267.00	182.33 ± 32.67	1.46	719.80	472.50 ± 53.40	1.52

3.3 SPF鸡和商品肉鸡对人工感染鸡毒支原体的病变差异比较

本试验选择了SPF鸡和商品肉鸡，旨在比较支原体清洁和非洁净鸡群对人工感染鸡毒支原体的病变和生产性能影响的差异，将两组数据进行比较（表8），SPF鸡对人工感染MG-R株后的反应更加明显，表现在攻毒组、预防组和治疗组的病变总分高于商品肉鸡相同处理组，病原分离呈阴性反应。对生产性能的影响如体增重和料重比（表9），攻毒组与治疗组和预防组的差异更大。

表8 SPF鸡与商品肉鸡人工感染鸡毒支原体的病变评分比较 单位：分

组别	SPF鸡		商品肉鸡攻毒后7 d		商品肉鸡攻毒后12 d	
	病原分离	病变总分	病原分离	病变总分	病原分离	病变总分
空白组	1.63	0/5	0.40	0/5	0.40	0/5
预防组	2.50	0/5	1.60	0/5	1.20	0/5

（续表）

组别	SPF鸡		商品肉鸡攻毒后7 d		商品肉鸡攻毒后12 d	
	病原分离	病变总分	病原分离	病变总分	病原分离	病变总分
治疗组	2.20	0/5	1.40	2/5	1.80	0/5
攻毒组	3.00	0/5	2.20	1/5	1.60	0/5

表9　SPF鸡与商品肉鸡人工感染鸡毒支原体的生产性能比较

组别	SPF鸡		商品肉鸡攻毒后7 d		商品肉鸡攻毒后12 d	
	体增重/g	料重比	体增重/g	料重比	体增重/g	料重比
空白组	143.89	2.22	188.67	1.50	502.50	1.36
预防组	180.00	1.98	191.33	1.40	520.50	1.45
治疗组	145.42	2.26	193.00	1.31	484.00	1.40
攻毒组	129.64	2.32	182.33	1.46	472.50	1.52

4　试验结论

4.1　天然康对SPF鸡人工感染MG-R株的试验结果

鉴于SPF鸡不存在支原体垂直传染，本试验延长饲养期到32日龄后进行了天然康感染前后的预防用药合计6 d和人工感染后连续3 d使用天然康的治疗组，感染后第6天剖检试验鸡，检查气囊和滑液囊的病理变化，检查结果天然康预防组和治疗组的病变总分均低于攻毒组但高于空白组，预防组和治疗组的体增重均高于攻毒组，其中预防组体增重比攻毒组高51 g（40%）料重比均低于攻毒组，说明天然康无论预防还是治疗都可以干预支原体野毒感染影响，改善呼吸道特别是气囊的病理变化。同时明显改善体增重和料重比。

4.2　天然康对商品肉鸡人工感染MG-R株的试验结果

本试验选择的商品肉鸡来自非鸡毒支原体净化种源，可以代表现场实际雏鸡情况，人工感染前剖检气囊病变不明显。天然康感染MG-R株前后的预防用药合计6 d和人工感染后连续3 d的治疗用药，于感染后第5天和第12天剖检试验鸡，检查气囊和滑液囊的病理变化，第5天检查结果天然康预防组和治疗组病变总分均低于攻毒组但高于对照组，体增重高于攻毒组和空白组，料重比低于攻毒组和空白组，预防组MG-R株分离阴性；感染后12 d检查预防组病变总分低于攻毒组高于空白组，治疗组病变总数高于攻毒组。预防组和治疗组的体增重均高于攻毒组，其中预防组体增重比攻毒组高48 g（40%）料重比均低于攻毒组。试验结果说明天然康无论预防用药还是治疗用药都可以干预支原体野毒感染后对鸡体的影响，改善呼吸道特别是气囊的病理变化，同时明显改善体增重和料重比，预防效果优于治疗。

4.3　人工感染MG-R株的试验动物差异比较

根据试验结果，SPF鸡对鸡毒支原体人工感染后的病变和生产性能的影响比较商品肉鸡更明显。商品肉鸡因来自支原体免疫的种鸡群同时非支原体清净鸡群，对攻毒的耐受性更强。

5　试验讨论

鸡毒支原体病临床损伤多在继发混合感染的情况出现，如合并病毒病或大肠杆菌或与应激同时发生等，单独感染时临床病变不典型，本试验在SPF隔离器中人工感染SPF鸡和商品肉鸡，感染MG-R株的剂量1×10^8 CCU/mL，预试验攻毒时，发现滴鼻点眼效果不明显，选择喷雾攻毒。攻毒组可以出现明显的眼部变化，眼帘肿胀潮红流泪，2~3 d自然恢复正常，商品肉鸡组连续3 d喷雾感染，攻毒组和治疗组感染后6 d从病变组织检查到病原。因此SPF隔离期感染MG-R株后，各组试验鸡在无继发感染和应激存在的情况下，不表现明显的临床呼吸道症状，各试验处理组的病变总分没有显著的数理统计学差异，但对体增重和料重比的影响更有经济意义，支原体作为生产性损失较大的慢性传染病，对其进行预防用药的效果明显优于攻毒组和治疗组，可以降低生产性损失。

本试验选择了SPF鸡和商品肉鸡作试验动物，旨在验证清洁鸡群和非洁净鸡群对人工感染鸡毒支原体的病变差异，剖检时SPF鸡攻毒组的气囊浑浊、胸龙骨滑液囊变性等病变比较商品肉鸡的天然康预防用药组和治疗用药组严重。说明清净鸡群更容易发生病变。

本试验数据中的料重比数据来自每次试验处理前后的统计，不是标准料重比口径，不能与肉鸡品种标准做对比，本文作为各组之间的横向对比数据使用。

本试验攻毒后组织脏器的病原检测数据来自PCR试验结果，MG-R株通用引物引自农业行业标准禽支原体PCR检测方法（NY/T 553—2015），由英潍捷基（上海）贸易有限公司合成。每次试验前对攻毒的MG-R株野毒做PCR试验确认阳性，使用该引物检测攻毒鸡的组织脏器，阳性确认为MG-R株感染。

（魏建平　王璐璐　朱秋华　马绍航）

天然康和锦心口服液防治白羽肉鸡支原体和大肠杆菌的可行性验证

为解决家禽养殖药残问题、关注食品安全，通过使用北京生泰尔科技股份有限公司中药产品，对养殖关键日龄进行防控，在同等或低于原有用药成本的情况下，实现了养殖成绩的稳定。本试验为养殖集团少用或不用抗生素提供了可行方案，有助于为市场提供无药残的产品，为国家食品安全做出了一份贡献。

1 试验材料和试验方法

1.1 试验药物

天然康、锦心口服液，由北京生泰尔科技股份有限公司提供。

硫酸安普霉素、扶正解毒散，由养殖公司自购。

1.2 试验动物

32日龄AA+品种白羽肉鸡。

1.3 试验时间和地点

2018年10月，吉林省某养殖场。

1.4 试验方法

1.4.1 试验分组

选取养殖场中同一品种，同一种源的32日龄AA+白羽肉鸡雏66 000只，随机分为两组（表1），试验组33 000只，对照组33 000只。

表1 试验分组

试验分组	栋别	饲养只数/只	试验开始时间	试验结束时间	饲养模式
试验组	5	33 000	10月8日	10月11日	立体笼养
对照组	6	33 000	10月8日	10月11日	立体笼养

1.4.2 试验处理

在本批次试验过程中，试验组按照北京生泰尔科技股份有限公司提供的天然康+锦心口服液（表2）进行用药，使用方法（表3）；对照组按照养殖场常规用药方案进行用药。

表2 用药方案

日龄/d	试验组药物名称	对照组药物名称
32~35	天然康+锦心口服液	扶正解毒散+硫酸安普霉素

表3 使用方法

药品	使用剂量
天然康	100 g兑水500 kg，早晚给药各1次，单次饮水3 h
锦心口服液	200 mL兑水200 kg，早晚给药各1次，单次饮水3 h
扶正解毒散	100 g兑水300 kg，集中给药1次，单次饮水4 h
硫酸安普霉素	100 g兑水200 kg，集中给药1次，单次饮水4 h

1.4.3 试验数据采集

在相同的饲养管理和免疫程序条件下，记录试验组和对照组死淘率、出栏率、出栏体重、料重比及欧洲指数等生产数据，总结最终试验结果。

1.4.4 观测指标公式

$$出栏体重 = \frac{出栏总重量}{出栏鸡数量}$$

$$成活率（\%） = \frac{出栏鸡数量}{进雏鸡数量} \times 100$$

$$料重比 = \frac{总耗料量}{出栏总体重}$$

$$欧洲指数 = \frac{成活率 \times 出栏体重}{料重比 \times 出栏天数} \times 10\,000$$

$$平均药费 = \frac{养殖用药总费用}{出栏鸡数量}$$

2 试验结果

2.1 用药期间试验组与对照组数据对比

表4为试验期间试验组与对照组数据对比。

表4 试验期间试验组与对照组数据对比

组别	试验组			对照组		
日龄/d	死淘数/只	采食量/kg	饮水量/kg	死淘数/只	采食量/kg	饮水量/kg
31	130	4 984	8 473	123	4 729	8 041
32	145	5 117	8 699	93	4 868	8 275
33	100	5 208	8 853	54	4 871	8 281
34	63	5 367	9 124	75	5 073	8 624
35	56	5 511	9 368	120	5 202	8 843

由表4可以得出试验组在死淘数、采食量及饮水量趋势方面均优于对照组。

2.2 用药成本对比

由表5可以得出试验组药费比对照组低0.12元/只，试验组共计节省药费3 960元。

表5 用药成本

组别	药费/元
试验组	0.16
对照组	0.28

2.3 试验组和对照组出栏成绩平均数据对比

由表6进行分析，试验组出栏体重比对照组高0.16 kg/只，成活率试验组比对照组高0.2个百分点，料重比试验组比对照组低0.05，欧指试验组比对照组高39。

表6 试验组与对照组出栏成绩平均对比

组别	出栏体重/kg	成活率/%	出栏日龄/d	料重比	欧洲效益指数
试验组	2.75	96	42	1.68	374
对照组	2.59	94	42	1.73	335
差异	0.16	0.2	—	0.05	39

2.4 养殖场图片

图1至图3为试验过程中养殖场图片。

图1　35日龄对照组粪便　　　　图2　35日龄试验组粪便　　　　图3　养殖环境

3 试验分析

3.1 各组数据分别统计

从表4进行分析31日龄为用药前的养殖数据，自32日龄开始使用药物进行治疗，32日龄试验组日死淘为145只鸡，药物使用4 d，35日龄试验组日死淘为56只鸡，用药后比用药前死淘数降低89只鸡；对照组用药后比用药前死淘数上涨了27只鸡；试验组与对照组比较死淘数试验组比对照组低116只鸡。试验组采食量用药后比用药前增长了527 kg，对照组采食量用药后比用药前增长了473 kg，试验组和对照组用药前后采食量对比试验组比对照组高54 kg。由此可得出试验组的用药方案优于对照组的用药方案，同时证明试验组使用天然康+锦心口服液用于防治支原体和大肠杆菌有效。

从表5进行分析试验组药费比对照组低0.12元/只，试验组比对照组共计节省药费3 960元。

从表6进行分析试验组出栏体重比对照组高0.16 kg/只，成活率试验组比对照组高0.2个百分点，料重比试验组比对照组低0.05，欧洲效益指数试验组比对照组高39。

3.2 综合分析

试验组使用天然康+锦心口服液给药从以上各组数据进行分析防控效果比较理想，明显优于对照组的扶正解毒散+硫酸安普霉素的给药。以上使用的天然康+锦心口服液药品方案也是北京生泰尔科技股份有限公司的"生泰方案"中的产品方案。

天然康（天然康）主要成分为金银花和黄芩，金银花为忍冬科植物的干燥花蕾或初开的花，具有清热解毒、疏散风热的功能。金银花提取物绿原酸有较强的抗菌消炎作用。黄芩为唇形科植物的干燥根，味苦性寒，具有清热燥湿、泻火解毒，止血等功效。黄芩的主要药性成分为黄芩苷，具有抗菌、增强机体免疫力、解热、镇静、降压、保肝利胆等多种作用。

锦心口服液主要成分为穿心莲、虎杖、十大功劳、地锦草、黄芩等；地锦草为大戟科植物的地锦草，是一种中药材，在夏、秋两季采收，除去杂质，晒干。能够清热解毒，利湿退黄，活血止血。主痢疾、泄泻、黄疸、咯血、吐血、尿血、便血。地锦草含没食子酸、没食子甲脂、槲皮苷、槲皮素、肌醇和鞣酸等。没食子酸为其主要抗菌有效成分。穿心莲中的穿心莲内酯能减少毛细血管壁的渗出，对白细胞游走有明显的抑制作用，具有均有明显抗感染作用，且见效快，于30 min开始，可维持8 h之久。穿心莲和地锦草可破坏脂多糖正常结构，使其失去生物活性；十大功劳中的巴马亭、小檗碱和药根碱具有抗菌作用；地锦草能快速缩短凝血时间及出血时间；虎杖对急性上消化道出血具有促进内凝血和抗纤溶等止血功效，同时虎杖能增加肠蠕动，有利于肠内淤血的排除；所有有效成分能表现出迅速改善败血症、脓毒血症恢复机体机能的作用。

4 试验结论

通过本次试验的验证北京生泰尔科技股份有限公司的天然康+锦心口服液在白羽肉鸡养殖中防治支原体和大肠杆菌有效，与扶正解毒散+硫酸安普霉素给药的用药方案进行对比，天然康+锦心口服液的"生泰方案"在防治白羽肉鸡支原体和大肠杆菌的方面更具有优势。

（北京生泰尔科技股份有限公司）

银黄口服液对肉鸡低致病性禽流感防治的可行性验证

冬春交接的季节，昼夜温差几乎都在10℃以上，如果管理出现漏洞，通风过于保守，会造成鸡群出现呼吸道症状，剖检常见气囊炎、黑肺、气管毒素等症状，治疗难度很大，给养殖场造成很大损失。

1 试验设计

1.1 试验材料

1.1.1 试验药物

银黄口服液，由北京生泰尔科技股份有限公司提供。

卡巴匹林钙，由养殖场自购。

1.1.2 试验动物

选取AA白羽肉鸡，23 000只，饲养模式笼养。

1.1.3 试验时间

2021年3月23—26日。

1.1.4 试验地点

辽宁省大连市瓦房店市某龙头放养养殖场。

1.1.5 临床症状

育雏期状况见图1。

育雏期分析：由于近期天气变化频繁，加上运输过程中没有调整好运雏车的温度，出现小鸡进入养殖场后出现呼吸道症状，客户采用普尔兴（甘草、板蓝根、冰片、人工牛黄、朱胆粉等）加替米考星进行治疗取得良好的效果。

图1 育雏期情况

1.1.6 剖检症状

剖检症状见图2。

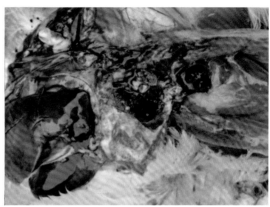

图2 剖检症状

1.1.7 临床诊断

前期由于运输雏鸡过程中应激造成鸡群整体状况不好，出现应激和呼吸道症状。用普尔兴加替米考星进行治疗后状况好转恢复鸡群稳定（图3）。在21日龄出现呼吸道症状，解剖出现气囊浑浊，眼睑变形等症状，临床采食量下降、精神萎靡、体温升高等症状，诊断为低致病性禽流感。

图3 临床症状

1.2 试验方法

1.2.1 试验处理

在本次试验过程中，试验组按照北京生泰尔科技股份有限公司提供的用药方案进行用药，对照组按照养殖场常规用药方案给药（表1）。

表1 用药方案

组别	用药方案	使用剂量
试验组	银黄口服液+卡巴匹林钙	银黄口服液每瓶1 L兑水750 kg
对照组	双黄连口服液+卡巴匹林钙	双黄连口服液500 mL兑水250 kg

注：卡巴匹林钙按说明书推荐的用法用量给药。

1.2.2 试验观测指标

根据客户要求治疗后2 d鸡群进行抗体检测，结果见表2。

表2 试验观测指标

项目	编号	数量/份	1号	2号	3号	4号	5号	6号	7号	8号	9号	10号	平均值	滴度差	离散度/%
	北山1栋	10	4	9	9	9	9	9	11	11	11	11	9.3	7	22.7
	北山3栋	10	9	9	9	9	10	10	10	10	10	11	9.7	2	7.0
	北山5栋	10	9	9	9	10	10	10	10	11	11		9.8	2	8.0
H9	北山6栋	10	10	10	11	11	11	11	11	11	11	13	11.0	3	7.4
	后山血样8	8	2	3	4	5	8	8	10	10			6.3	8	50.4
	后山血样7	7	2	2	2	3	5	8	8				4.3	6	64.2

情况说明：肉鸡检测抗体超过8说明基本已经感染，但是鸡群相对稳定，没有出现大面积的死淘，维持在合理的范围内，并且吃料达标，鸡群健康度良好。

用药后的鸡群状态见图4。

图4 用药后鸡群状态

用药后解剖的图片见图5。用药后气囊炎症减轻，肺脏颜色变为鲜红。

图5　用药后解剖图片

2　试验结果

试验结果见表3。

表3　试验中每日情况统计

日期	日龄/d	死淘数/只	剩余存栏/只	成活率/%	鸡舍温度/℃	耗料量/kg	平均采食量/g
3月23日	26	55	22 532	97.3	26.4	2 400	106
3月24日	27	45	22 487	97.1	26.2	2 385	106
3月25日	28	85	22 402	96.8	26	2 500	111
3月26日	29	30	22 372	96.3	25.5	3 000	134

2.1　用药期间死淘数

死淘分析：用药第1天死淘数降低，用药第2天出现死淘降低，用药第3天出现死淘小的反弹，用药第4天死淘开始减少，说明情况好转，鸡群需要2 d的恢复观察（图6）。

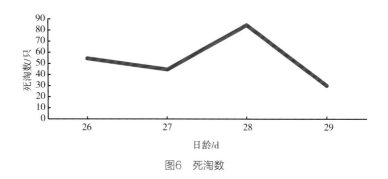

图6 死淘数

2.2 耗料量和平均采食量分析

耗料量和平均每只吃料量分析：鸡群用药前采食量一天比一天少，用药后采食量和平均采食量均增加，特别是用药第4天大幅度提升（图7和图8）。

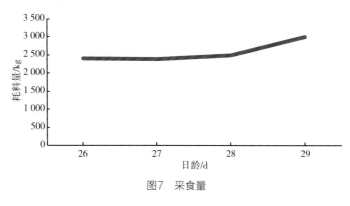

图7 采食量

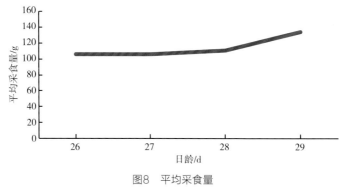

图8 平均采食量

3 试验结果综合分析

从鸡群状况、死淘、采食量等方面得到很好的改善。试验结果得到养殖户的认可。综上所述，按照程序用药可以对低致病性禽流感起到很好的预防作用，同时提高鸡群的抗病毒能力。

4 中药产品作用机理分析

银黄口服液主要成分由金银花和黄芩提取。金银花提取物绿原酸有较强的抗菌消炎作用，桃叶珊瑚苷及其多聚体有明显的抑菌作用，桃叶珊瑚苷元对革兰氏阴性菌和阳性菌都有抑制作用。黄芩为唇形科植物的干燥根，味苦性寒，具有清热燥湿、泻火解毒，止血、安胎等功效。黄芩的主要药性成分为黄芩苷，具有抗菌、增强机体免疫力、解热、镇静、降压、保肝利胆等多种作用。

银黄口服液的主要作用是抑制支原体，清肺热，对病毒及支原体造成的肺炎有明显作用。

5 结论

（1）鸡雏运输过程中一定注意温度、湿度的控制，如果出现突发情况要有切实有效的应急预案。

（2）春秋季节通风注意考虑体感温度（即湿度和风速对体感温度的影响）。

（3）冬季进入春季，气候在昼夜温差，温湿度方面会有很大变化，做好育雏期的育雏工作。

（4）北京生泰尔科技股份有限公司提供的用药方案在抗病毒方面效果很明显，可以编入用药程序，定期使用，效果更佳。

（5）养殖要科学养殖，用检测的数据可以确定是哪方面疾病、鸡群对哪些药物敏感，可以科学养殖，提高养殖成绩和收益。

（姜晓亮）

天然康对肉鸡出现流行性感冒治疗的可行性验证

为验证在白羽肉鸡在21 d做苗前的阶段使用天然康防控流行性感冒的可行性及对商品肉鸡养殖效益的影响，特设立本次试验。本次试验在瓦房店某公司开展，试验时间为2021年3月25—28日，选取AA肉鸡16日龄共计100 000只笼养、共计五栋鸡舍。结果显示，从各方面统计试验组结果，内容包括试验前后鸡群状态，剖检照片对比，试验前后死淘率，采食量。

由于2021年春季温差变化较大、流行性感冒多发，为解决此问题，北京生泰尔科技股份有限公司和瓦房店某公司联合此次试验。

1 试验设计

1.1 试验材料

1.1.1 试验药物

天然康（国家三类新兽药），由北京生泰尔科技股份有限公司提供（图1）。

1.1.2 试验动物

AA肉鸡（16日龄）由某集团公司提供。

1.1.3 试验时间

2021年3月25—28日

1.1.4 试验地点

辽宁省大连市瓦房店市复洲湾自养场。

1.1.5 临床症状

鸡群出现大面积咳嗽，发病率为40%。鸡群出现精神不振，采食量大幅下降，个别严

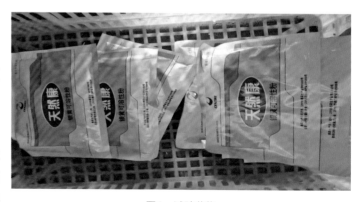

图1 试验药物

重的鸡出现不采食的症状。死亡率不高，个别严重出现死亡。粪便发绿、鸡只有发烧症状、体温升高（图2）。

图2　临床症状

1.1.6　剖检症状

解剖后发现个别鸡已经出现腹气囊有气泡、胸气囊有少量干酪样物、肺脏发黑、肝脏有轻微白色渗出物包裹。

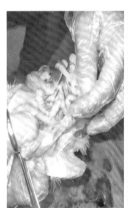

图3　剖检症状

1.1.7　临床诊断

流行性感冒、继发大肠杆菌感染。

1.2　试验方法

天然康连用3 d，每天集中饮水4～6 h。

1.2.1　试验处理

在本次试验过程中，试验组按照北京生泰尔科技股份有限公司提供的用药方案进行用药（表1）。

表1　用药方案

组别	药品名称	使用剂量
试验组	天然康	每袋100 g兑水250 kg
对照组	不给药	—

1.2.2　试验观测指标

试验前后鸡群状态、剖检照片、死淘率、采食量。

2　试验结果

2.1　用药期间死淘数

用药期间死淘数见表2。

表2　用药期间死淘数

日龄/d	日期	试验组/只	对照组/只
16	3月25日	20	23
17	3月26日	26	22
18	3月27日	30	25
19	3月28日	19	28
20	3月29日	17	23
21	3月30日	13	25
22	3月31日	9	20
合计	—	134	166

死淘数分析：用药第3天试验组达到高峰，用药第4天试验组开始下降。说明试验组用药起到明显效果。

2.2　采食量对比

用药期间采食量见表3。

表3 采食量

时间	试验组/g	对照组/g
第1天	168	170
第2天	177	175
第3天	191	180
第4天	200	192
第5天	218	206

采食量分析：用药开始试验组的采食量增料逐渐呈上升趋势，说明天然康使用后采食量恢复。

2.3 试验图片

试验过程中用药前后粪便对比见图4。

用药前   用药后

图4 试验前后粪便对比

3 试验结果综合分析

鸡群状态对比：试验组通过用药后咳嗽明显减少、个别鸡咳嗽、外观羽毛光滑、采食意愿强。

根据剖检前后对比：用药后气囊浑浊症状减轻或消失。

用药后的死淘数统计：试验组的死亡在用药第3天达到高峰、第4天开始逐步下降，总死亡数134只。根据试验组总死亡数以及用药后的死亡数观察，停药后试验组也稳定住病情、死亡得以控制。

根据采食量对比，试验组鸡群的采食量逐步稳定上升，采食量恢复比较理想。

4 中药产品作用机理分析

天然康主要成分为金银花中的绿原酸、黄芩中的黄芩苷，这两种成分能够起到抗病毒和抑制支原体的作用。黄芩苷阻止病毒的吸附作用、绿原酸干扰病毒的蛋白质合成，从而通过这两个步骤来阻止病毒的繁殖复制。天然康中的有效成分通过作用于50S核糖体亚基，通过阻断转肽作用和mRNA位移而抑制生物蛋白质的合成。天然康的使用时机为防治低致病性流感，和支原体疾病时使用，或者在停药期内代替大环内酯类抗生素时使用。

5 结论

本次试验中，鸡群死淘数从20只左右降低到9只，而对照组死淘数一直在20只左右，试验组采食量从原来的168 g增长到218 g，对照组则从170 g增长到206 g，以上两组数据显示，试验组用药后状态优于对照组，说明本次试验使用天然康取得良好效果。

（李越　郭策）

银黄口服液对肉鸡出现流行性感冒治疗的可行性验证

由于2021年春季温差变化较大、肉鸡养殖中多发，流行性感冒治疗以打针为主，为解决此问题，北京生泰尔科技股份有限公司和丹东某公司联合此次试验。

1 试验设计

1.1 试验材料

1.1.1 试验药物

银黄口服液，由北京生泰尔科技股份有限公司提供（图1）。

图1 试验药物

1.1.2 试验动物

AA肉鸡32日龄在丹东开展试验、肉鸡由某集团公司提供。

1.1.3 试验时间

2021年3月24—27日。

1.1.4 试验地点

辽宁省丹东市某公司自养场。

1.1.5　临床症状

鸡群出现大面积咳嗽，发病率40%，肿头肿脸、咳嗽、眼睑膜充血、流眼泪（图2）。

图2　临床症状

1.1.6　剖检症状

解剖后发现喉头出血、有大量黏液、明显的"三炎"症状、黑肺、腺胃出血、胰腺出血、盲肠扁桃体出血、肾肿、脾脏有坏死（图3）。

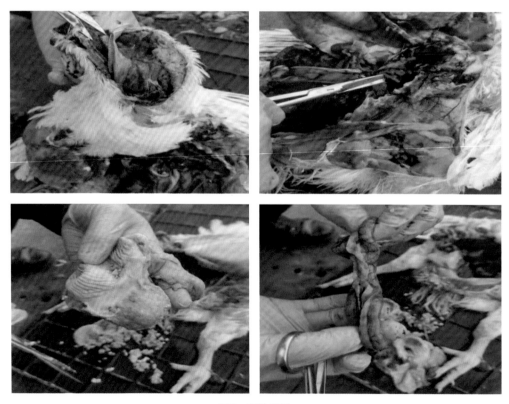

图3　剖检症状

图3 剖检症状（续）

1.1.7 临床诊断

通过临床症状和剖检症状诊断为流行性感冒。

1.2 试验方法

银黄口服液每瓶1 L兑水750 kg，配合阿莫西林100 g兑水200 kg，连用3 d，每天集中饮水4～6 h。

1.2.1 试验处理

在本次试验过程中，试验组按照北京生泰尔科技股份有限公司提供的用药方案进行用药（表1）。

表1　用药方案

组别	药物名称	使用剂量
试验组	银黄口服液	每瓶1 L兑水750 kg
	阿莫西林	100 g兑水200 kg
对照组	不给药	—

1.2.2 试验观测指标

指标包括试验前后鸡群状态、剖检照片对比、试验前后死淘率、采食量。

2 试验结果

2.1 用药期间死淘数

用药期死淘数见表2。

表2 用药期间死淘数

日龄/d	日期	对照组死淘数/只	试验组死淘数/只
32	3月24日	45	57
33	3月25日	56	46
34	3月26日	58	35
35	3月27日	69	21

死淘数分析：用药第1天死亡数值最高，57只左右，用药3 d后死淘数在21只左右。从死亡数值变化观察说明试验组用药起到明显效果。

2.2 采食量对比

采食量对比结果见表3。

表3 采食量对比

时间	对照组/g	试验组/g
第1天	135	135
第2天	135	145
第3天	145	150
第4天	150	175

采食量分析：用药开始，试验组的采食量开始逐步增加，停药后采食量达到175 g最高峰。

2.3 养殖场图片

图4为试验过程中养殖场图片。

用药前　　　　　　　　　　　　　　　　用药后

图4　养殖场环境

3 试验结果综合分析

鸡群状态对比，试验组通过用药后咳嗽明显减少、个别鸡咳嗽、外观羽毛光滑、肉感足。

根据剖检前后对比，试验组前期的"三炎"症状用药后减轻消失。

统计用药后的死淘数，试验组的死亡在用药第1天达到高峰57只，用药第3天降到21只。根据试验组用药后的死亡数观察，停药后试验组也稳定住病情，死亡得以控制。

根据采食量对比，试验组的采食量逐步稳定上升、采食量恢复比较理想。

4 中药产品作用机理分析

银黄口服液主要成分为金银花中的绿原酸和黄芩中的黄芩苷，这两种成分能够起到抗病毒和抑制支原体的作用。黄芩苷阻止病毒的吸附作用，绿原酸干扰病毒的蛋白质合成，通过这两个步骤来阻止病毒的繁殖复制。天然康中的有效成分通过作用于50S核糖体亚基，阻断转肽作用和mRNA位移而抑制生物蛋白质的合成。银黄口服液的使用时机为防治低致病性流感，和支原体疾病时使用，或者在停药期内代替大环内酯类抗生素时使用。

5 结论

在本次试验过程中，用药前后死淘数量从57只降低到21只，采食量从135 g增加到175 g，通过前后数据变化证明，银黄口服液对家禽养殖过程中常见的流感、支原体等病原引起的各种症状（肺炎、气囊炎）治疗效果明显。

（黄建坤　李越）

天然康和芪黄素联合使用对种鸡育成鸡的影响

1 试验目的

研究天然康和芪黄素联合使用对父母代种鸡育成期生产性能的影响，减少雏鸡阶段化学药物的投放，降低对免疫系统的影响。

2 试验材料

2.1 试验动物

父母代种鸡。

3栋：2014年6月9日进雏18 000只。

4栋：2014年6月13日进雏16 000只。

2.2 试验药物

天然康、芪黄素，由北京生泰尔科技股份有限公司提供。

3 试验方法

3栋鸡群为试验栋，4栋鸡群为对照栋，采用同样的设备和管理方案进行雏鸡的培育，按照给药方案进行药物添加，免疫程序相同，观察育成鸡的生产性能的影响（表1）。

表1 试验方法

日龄/d	药物名称	日龄/d	药物名称
1～17	芪黄素	15～21	天然康
28～37	芪黄素	42～48	天然康
55～64	芪黄素+天然康	92～101	芪黄素
110～116	芪黄素+天然康	165～171	芪黄素+天然康

注：1. 芪黄素使用剂量为饮水100 g/t，全天供给。

2. 天然康使用剂量为饮水200 g/t，全天供给。

4　试验结果

4.1　对育雏和育成期成活率的作用效果

对育雏和育成期成活率的作用效果见图1和图2。

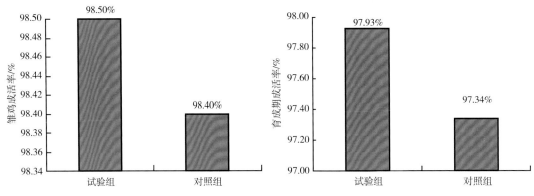

图1　天然康和芪黄素联合使用对提高雏鸡
成活率的作用

图2　天然康和芪黄素联合使用对提高育成鸡
成活率的作用

4.2　对禽流感抗体滴度的作用效果

对禽流感抗体滴度的作用效果见图3和图4。

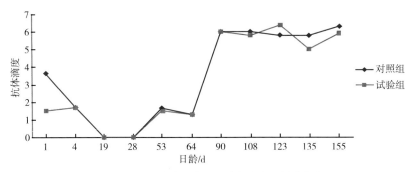

图3　天然康和芪黄素联合使用对禽流感H5抗体的作用

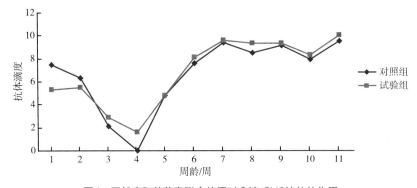

图4　天然康和芪黄素联合使用对禽流感H9抗体的作用

4.3 对鸡群体重和均匀度的作用效果

对鸡群体重和均匀度的作用效果见图5和图6。

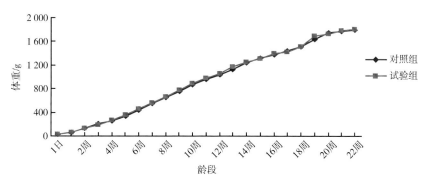

图5 天然康和芪黄素联合使用对体重的作用

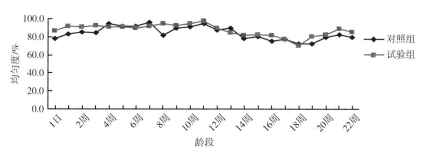

图6 天然康和芪黄素联合使用对均匀度的作用

4.4 对支原体感染的作用效果

对支原体感染的作用效果见表2、图7和图8。

表2 天然康和芪黄素联合使用对鸡支原体感染的预防作用

日龄/d	分组	数量/份	鸡毒支原体（MG）		滑液支原体（MS）		MG（＋）/%	MS（＋）/%
			MG（＋）	MG（－）	MS（＋）	MS（－）		
30	对照组	10	3	7	8	2	30	80
	试验组	10	1	9	7	3	10	70
91	对照组	10	7	3	8	2	70	80
	试验组	10	0	10	6	4	0	60
126	对照组	15	4	11	7	8	26.7	46.7
	试验组	15	4	11	7	8	26.7	46.7

（续表）

日龄/d	分组	数量/份	鸡毒支原体（MG）		滑液支原体（MS）		MG（+）/%	MS（+）/%
			MG（+）	MG（-）	MS（+）	MS（-）		
175	对照组	10	4	6	5	5	40	50
	试验组	10	1	9	2	8	10	20

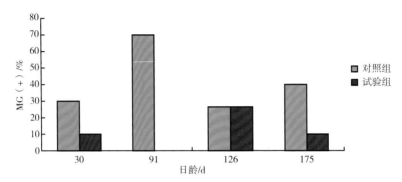

图7　天然康和芪黄素联合使用对鸡毒支原体感染的预防作用

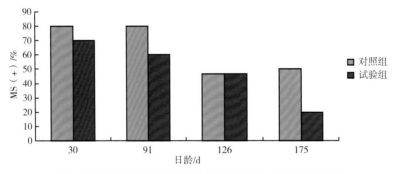

图8　天然康和芪黄素联合使用对滑液支原体感染的预防作用

5　结论

（1）天然康和芪黄素联合使用可以提高鸡群的均匀度4%～6%。

（2）禽流感免疫的抗体上升快而且平稳，整体鸡群的抗体均匀度比对照组高，H9高出0.5个滴度，而且维持较好。

（3）在整个育成阶段的成活率比对照组高0.6%。

（4）可以降低鸡毒支原体（MG）阳性率75%、滑液支原体（MS）阳性率40%。

天然康和芪黄素联合使用可提升育雏育成鸡群的体质，有效提高生产指标，降低呼吸道病的发生率，减少抗生素的使用。

（北京生泰尔科技股份有限公司）

商品肉鸡21日龄前的呼吸道控制

白羽肉鸡在21日龄免疫之前，为了使免疫起到正向效果，在免疫之前一定要控制好鸡群状态，不能存在呼吸道疾病，而这阶段呼吸道症状的疾病往往因为第三周阶段性管理漏洞造成，如昼夜体感温度差过大，或者通风负压不合理导致鸡背处落点风速（简称鸡背风速）过高导致受凉感冒，或者鸡舍内灰尘过大，导致呼吸道受损，继而引发病毒性疾病。如果要解决第三周的呼吸道情况，一定要先从管理方面入手，控制昼夜体感温差在1.5℃以内，鸡背风速不能超过0.2 m/s，冷风从窗口进入鸡舍后，要有合理的负压，保证冷风能够在屋顶充分加热后在鸡舍中部落下，避免棚顶檩条遮挡而导致风向改变。此外还要加强灰尘的管控，做到合理使用雾线，每天定时程序化使用雾线除尘。在解决了以上管理上的问题后，再进行药物治疗，会起到事半功倍的效果。结果显示，在17～19日龄使用天然康（国家三类新兽药）后，鸡群呼吸道症状明显减轻，直至消失。鸡群状态得到好转。为21日龄的免疫成功奠定良好基础。

1 试验设计

1.1 试验材料

1.1.1 试验药物

天然康（国家三类新兽药），由北京生泰尔科技股份有限公司提供。

1.1.2 试验动物

白羽肉鸡，大连瓦房店某集团放养户孙某12 000只、崔某9 000只、李某8 800只、高某9 700只，合计39 500只。

1.1.3 试验时间

2021年3月3—9日。

1.1.4 试验地点

辽宁省大连市瓦房店市。

1.1.5　临床症状

鸡群在8日龄免疫后9日龄出现零星咳嗽现象，加强饲养管理后没有继续发展，到14～16日龄，受大风和昼夜温差影响，导致鸡群咳嗽现象加重，出现眼睑变形，流泪等症状，个别鸡有打蔫、发热现象，采食量轻微下降，死淘没有明显变化。

1.1.6　剖检症状

气管环状出血，内有黏液，结膜出血，气囊轻微病变，有气泡存在。

1.1.7　临床诊断

鸡群受凉引起感冒。

1.2　试验方法

1.2.1　试验处理

1.2.1.1　饲养管理调整

在饲养管理上，通风系数调整为每分钟每千克体重需空气量0.008 m³，每组通过烟雾试验，重新确定负压为20 Pa，调整后，鸡背风速为0～0.1 m/s，昼夜温差控制在1℃之内。

1.2.1.2　用药方案

在本次试验过程中，用药方案如下表1所示。

表1　用药方案

用药方案	使用剂量	使用方法
天然康	第1天每100 g兑水200 kg，第2天和第3天每100 g兑水300 kg	集中饮水4 h

1.2.2　试验观测指标

通过饲养管理的调整和用药治疗后，四组鸡群均表现良好（表2至表5）。

表2　孙某组鸡群情况

日龄/d	咳嗽占比/%	采食量/g	死淘数/只
15	40	60	35
16	45	62	42
17	45	65	40
18	30	68	33
19	10	80	21
20	5	90	12
21	5	100	10

注：红色为用药期。

表3　崔某组鸡群情况

日龄/d	咳嗽占比/%	采食量/g	死淘数/只
15	50	60	33
16	60	60	38
17	50	65	22
18	40	75	26
19	20	85	20
20	10	90	15
21	5	95	13

注：红色为用药期。

表4　李某组鸡群情况

日龄/d	咳嗽占比/%	采食量/g	死淘数/只
15	35	70	30
16	40	75	29
17	40	75	25
18	20	80	15
19	10	90	10
20	5	100	11
21	5	110	8

注：红色为用药期。

表5　高某组鸡群情况

日龄/d	咳嗽占比/%	采食量/g	死淘数/只
15	20	75	20
16	30	75	22
17	30	80	15
18	10	85	13
19	10	90	8
20	0	100	3
21	0	110	5

注：红色为用药期。

2　试验结果

2.1　呼吸道情况

从呼吸道情况来看，根据病情不同，崔某组咳嗽占比为50%用药4 d，孙某组咳嗽占比为40%、李某组咳嗽占比为35%、高某组咳嗽占比为20%用药3 d，都可降低至5%或者0发病率，说明本次试验解决了呼吸道疾病的问题。

2.2　采食量分析

采食量发病前后除崔某处症状相对较重、与标准相差较大外，用药后恢复正常，其他三处试验点采食量均稳定上升，影响不大。

2.3　死淘分析

死淘数从3‰~4‰，降低到不高于1‰，说明本次试验成功控制了死淘的增长。

3　试验结果分析

第3周鸡群控制重点为防治病毒病方向，饲养管理重点为体感温度差的控制和鸡背风速的控制，通过两方面的管控，可以很好地保证鸡群状态的稳定，对提高生产成绩有重要作用。

4　试验分析

通过调整风速和温度可以减少肉鸡应激，同时，天然康的有效成分为黄芩苷和绿原酸，这两种成分都能有效起到抗病毒作用。同时天然康提取工艺为单提复配，这样提取方式所得有效成分抗病毒作用明显优于混合熬制工艺。

5　结论

在鸡群15日龄左右发生的眼睑变形、流泪等感冒症状后，本次试验使用天然康能够控制疾病发展，起到减少死淘数、增加采食量的作用。在今后的养殖过程中，如果鸡群出现类似症状，可以参考本试验进行治疗。

（郭忠海　付洋　吴俊彤）

流感组方对蛋鸡低致病性禽流感的防控效果

1 试验材料

1.1 试验动物

7 000只京红蛋鸡。

1.2 试验地点

河北省迁西县某养殖场。

1.3 试验用药

芪黄素、天然康、清开素、肝肾康、加富维（复合液体维生素），均由北京生泰尔科技股份有限公司提供。

2 鸡群状况

2.1 临床症状

前期症状蛋壳质量变差，颜色发白，然后出现肿头肿脸的鸡只，伴随呼吸道症状，采食量开始下降，软蛋、薄壳蛋增多，产蛋率由94%下降至83%，并出现排黄、白、绿便，少数鸡发蔫，死亡率逐步提升（图1）。

图1　临床症状

2.2 剖检症状

冠紫，有心包积液，肾脏肿胀，严重出现包心包肝，肾脏肿大，个别鸡只呈花斑肾，喉头有黏液，输卵管内有白色黏性分泌物，严重鸡只输卵管内有黄色干酪物，卵泡呈卵红状或卵黄液化（图2）。

图2　剖检症状

2.3 初步诊断结果

根据临床症状、剖检症状及周围发病情况，初步诊断为低致病性禽流感。

3 试验方案

疾病治疗期：天然康+清开素。

疾病恢复期：芪黄素+肝肾康+加富维。

4 试验结果与分析

试验结果见表1和表2。

表1　前7 d用药情况统计

药物名称	包装规格	饮水量/kg	用药时间
天然康	100 g	200	连续使用5 d，早晚使用
清开素	100 mL	100	连续使用3 d

表2　鸡群生产性能统计

观测项目	发病前	用药前	用药时	用药后
7 000只采食量/kg	800	770	770	820
蛋质（颜色、硬度）	颜色好，蛋壳坚硬	颜色发浅，蛋壳易碎	颜色发浅，蛋壳易碎	颜色好，蛋壳坚硬
日均死亡数量/只	0	15	15	1
呼吸道所占比率/%	0	2	2	0
产蛋率/%	94	83	83	90

　　根据表2可以看出用药后鸡群采食量迅速恢复，且比发病前高出20 kg，蛋壳坚硬，颜色转好，仅死亡1只，大大降低了鸡群死亡率，呼吸道发病率为0，产蛋率恢复到90%。鸡群发病后，用大量的西药紧急治疗，往往不能达到理想的治疗效果，此次治疗使用流感组方，有效控制了死亡率和产蛋率下降的问题，加入清开素后鸡群采食量迅速恢复，缓解症状。

（北京生泰尔科技股份有限公司）

鸡群受应激后引发疾病的治疗验证

春季影响养鸡的关键因素是天气突变、大风、昼夜温湿度差等，同时肉鸡养殖过程中21～28日龄为免疫空白期，鸡群体质差，同时，这个阶段也是通风管与小窗交替使用的时期，这些因素累计一起，很容易引起鸡群发病，如病毒性呼吸道病，或者混合感染支原体与大肠杆菌病。在临床治疗上增加了很大难度，往往给养殖者造成很大损失。为了能够控制这个阶段的发病，特联合大连庄河某公司一同进行了本次试验，来解决这个阶段的疾病问题。试验证明，使用天然康配合适当抗生素，可以很好地解决这一时期的疾病问题。

1 试验设计

1.1 试验材料

1.1.1 试验药物

天然康（国家三类新兽药），由北京生泰尔科技股份有限公司提供。

1.1.2 试验动物

辽宁省庄河市吴卢镇的徐某养殖场白羽肉鸡19 000只，21日龄。

1.1.3 试验时间

2021年3月10—16日。

1.1.4 试验地点

辽宁省庄河市吴卢镇。

1.1.5 临床症状

天气突变加通风管更换小窗等应激引起鸡群羽毛逆立，俗称"炸毛，呛毛"，眼睛变形、流泪，有泡沫，打蔫，精神沉郁，喜卧恶动，咳嗽，甩鼻，个别张口喘，体温升高，采食量轻微减少（图1）。

图1 临床症状

1.1.6 剖检症状

腹气囊泡沫，胸气囊有干酪物，气管出血，结膜出血等。

1.1.7 临床诊断

受凉感冒，继发支原体疾病。

1.2 试验方法

在本次试验过程中，试验组按照北京生泰尔科技股份有限公司提供的用药方案进行用药（表1）。

表1 用药方案

药物名称	使用剂量
天然康	每袋100 g兑水400 kg
抗生素	按推荐剂量使用

2 试验结果

精神状态明显改善，羽毛平顺，眼神明亮，有神，呼吸道情况明显改善，有个别咳嗽现象，采食恢复正常。采食量和死淘情况见表2和图2。

表2　采食量和死淘数

日龄/d	采食量/g	死淘数/只
19	80	25
20	86	40
21	90	45
22	95	51
23	105	23
24	115	16
25	120	11

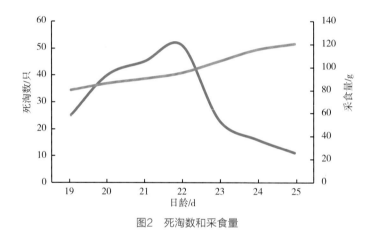

图2　死淘数和采食量

3　试验结果综合分析

用药后鸡群精神状态好转，呼吸道症状减轻，采食量增加，死淘数减少，说明本次疾病治疗效果良好。

4　结论

在免疫空白期，鸡群受到应激发病后，要针对病情，控制好原发疾病和继发疾病，能够使病情得到很好的控制。本次试验也证明，如果鸡群在本阶段出现问题，使用天然康可以很好地控制鸡群病毒性呼吸道疾病。

（隋军　付洋　吴俊彤）

免疫空白期病毒性呼吸道疾病的控制

白羽肉鸡在免疫空白期是指21～28日龄，ND、H9抗体值低于4，而抗体值低于4时，对疾病没有抵抗力，很容易感染病毒病。本试验通过调整饲养管理和指定用药，成功解决了免疫空白期饲养难度大的问题。

本次试验在大连某集团公司开展，放养户李某，饲养白羽肉鸡18 000只，21日龄免疫后，优于免疫应激反应，22日龄出现了轻微呼吸道症状，23～24日龄由于春季温度差和湿度差很大，以及春季大风影响，呼吸道症状更为严重。

通过调整饲养管理，配合药物治疗，使用天然康（北京生泰尔科技股份有限公司提供）进行抗病毒治疗，成功控制死淘，并且采食量有所上升，达到标准。

1　试验设计

1.1　试验材料

1.1.1　试验药物

天然康（国家三类新兽药），由北京生泰尔科技股份有限公司提供。

1.1.2　试验动物

白羽肉鸡，大连某集团放养户李某，养殖量18 000只。

1.1.3　试验时间：

2021年3月12—18日。

1.1.4　试验地点

辽宁省大连市瓦房店市。

1.1.5　临床症状

鸡舍内可以明显听到咳嗽声，占比在50%左右，有因呼吸困难引起的怪叫现象，个别鸡羽毛逆立，闭目，呆立，或趴卧不动，采食意愿差，采食量不达标。

1.1.6 剖检症状

气管出血，有黏液，胰腺萎缩，边缘出血，眼睑出血，气囊浑浊，增厚。

1.1.7 临床诊断：

低致病性禽流感与鸡毒支原体混合感染。

1.2 试验方法

1.2.1 饲养管理调整

舍内CO_2含量由处理之前的5 000 cm^3/m^3，调整到3 000 cm^3/m^3，通风量适当增大，鸡舍内采取雾线喷雾方式降低鸡舍内灰尘。

1.2.2 用药方案

在本次试验过程中，试验组按照北京生泰尔科技股份有限公司提供的用药方案进行用药，对照组按照养殖场常规用药方案给药（表1）。

表1 用药方案

组别	药品名称	使用剂量	使用方法
试验组	天然康	第1天每100 g兑水200 kg，第2天和第3天每100 g兑水300 kg	按24 h饮水量计算产品使用量，分早晚两次，每次饮水4 h

1.2.3 试验观测指标

鸡群状态见表2。

表2 鸡群状态

日龄/d	死淘数/只	采食量/g	呼吸道占比/%
23	35	100	30
24	56	102	50
25	50	105	50
26	45	110	40
27	32	120	30
28	22	135	10
29	20	140	10

2 试验结果

2.1 死淘数和采食情况

死淘数和采食情况见图1。

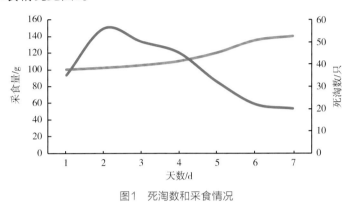

图1 死淘数和采食情况

2.2 呼吸道情况

呼吸道情况自用药第2天开始，怪叫现象消失，用药结束后呼吸道情况逐渐好转。

3 试验结果综合分析

通过调整饲养管理，提高了鸡舍内部环境质量，减少病原微生物含量，减少肉鸡养殖过程中的应激反应。对用药效果起到协同作用。

天然康中的金银花与黄芩两者由协同作用可清热、理肺气、化痰止喘可有效地修复受损的呼吸道病变部位的生理机能，具有抗炎、提高免疫力机能，对混合感染鸡群调理鸡体内部环境，增强免疫力和抗病能力起到积极效果。

黄芩苷进入体内后，45 min后可达血药峰值；绿原酸进入体内后，2 h后可达血药峰值。黄芩苷和绿原酸进入体内后并且半衰期时间较长，所以使用药物后，与人们对中药起效慢的印象相反，用药后，药效迅速且持久。黄芩苷和绿原酸除已知的对病毒有很好的抑制作用外，对鸡毒支原体也有很好的抑制作用，所以治疗后病鸡气囊炎有很大好转。

4 结论

在鸡群免疫空白期出现的低致病性流感和支原体混合感染现象后，本次试验使用天然康进行治疗，在采食量和死淘数及鸡群状态的恢复上均表现为正结果。本次试验说明，肉鸡在免疫空白期出现病毒性呼吸道疾病时，使用天然康能够起到很好的治疗效果。

（郭忠海 付洋 吴俊彤）

肉鸡养殖30日龄后易发疾病的解决方案

肉鸡养殖过程中，由于前期疾病控制不当，或者由于通风量过大，鸡群受冷应激，抵抗力降低，致使环境中病原微生物感染鸡群导致发病，由于日龄过大，受到药残管控制约，所以现场可选择使用的药品很少，给疾病治疗增加了难度。本次试验在大连某集团放养户羽某、王某处开展，白羽肉鸡养殖量44 400只。结果显示，在30日龄后使用银黄系列产品控制病毒性疾病取得很好的效果。

1 试验设计

1.1 试验材料

1.1.1 试验药物

天然康（国家三类新兽药），由北京生泰尔科技股份有限公司提供。

1.1.2 试验动物：

白羽肉鸡王某16 400只，羽某28 000只。

1.1.3 试验时间

2021年3月12—18日。

1.1.4 试验地点

辽宁省大连市。

1.1.5 临床症状

咳嗽、呼噜，精神萎靡，闭目呆立，或俯卧，鸡体发热，鸡群突然采食量下降。

1.1.6 剖检症状

眼睑出血，胸、腹气囊炎，气管出血、有黏液，肺脏水肿、发黑。

1.1.7 临床诊断

管理不当导致鸡群受凉感冒。

1.2 试验方法

1.2.1 试验处理

用药方案给药见表1。

表1 用药方案

药品名称	使用剂量	使用方法
天然康	第1天每100 g兑水200 kg，第2天和第3天每100 g兑水300 kg	24 h饮水量计算产品使用量，分早晚2次，每次4 h使用

1.2.2 试验观测指标

鸡群状态见表2和表3。

表2 王某鸡群状态

日龄/d	死淘数/只	采食量/g	呼吸道症状占比/%
34	55	130	30
35	62	130	50
36	66	125	50
37	33	140	40
38	32	150	30
39	30	155	10
40	22	170	5

表3 羽某鸡群状态

日龄/d	死淘数/只	采食量/g	呼吸道症状占比/%
28	80	110	50
29	80	115	50
30	75	120	50
31	67	130	40
32	55	140	30
33	35	150	10
34	28	160	10

2 试验结果分析

鸡群死淘数和采食情况见图1和图2。

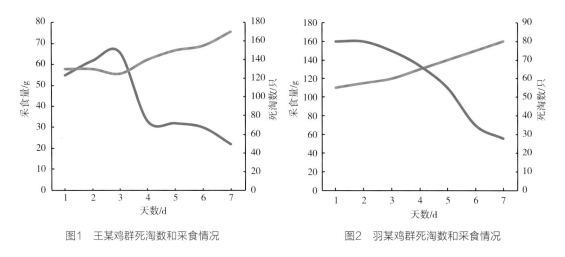

图1 王某鸡群死淘数和采食情况   图2 羽某鸡群死淘数和采食情况

两组从采食和死淘方面都在往正向发展，说明使用天然康后，疾病得到控制，在现场观察鸡群呼吸道症状减轻，添料后鸡群采食意愿良好，增料明显。

3 试验总结分析

鸡群在30日龄后，由于羽毛丰满，同时体重增加需氧量增大，需要加大通风量，如果通风过大，容易引起鸡群应激感冒，给养殖户带来损失。所以在鸡群大日龄时期，增加通风要适量，注意控制鸡背风速，冬季鸡背风速0～14日龄要求为0，15～21日龄不超过0.5 m/s，22～28日龄不超过0.8 m/s。

天然康为金银花和黄芩提取物，主要的有效成分为黄芩中的黄芩苷，金银花中的绿原酸，为天然植物提取物，因此解决了药残问题，同时有试验表明，使用银黄系列产品给药对照泰乐菌素组，周末体重增长水平均优于泰乐菌素组。

4 结论

针对鸡群在养殖后期由于管理等因素出现的感冒症状，本次试验使用天然康进行治疗后鸡群恢复健康状态。本次试验说明，鸡群由于通风不当而引起的疾病可以使用天然康进行治疗，确保鸡群健康出栏。

（郭忠海　付洋　吴俊彤）

商品肉鸡在免疫空白期由于气温突变引起感冒的防治

为验证在白羽肉鸡在免疫空白期使用银黄口服液控制鸡群感冒的可行性及对商品肉鸡养殖效益的影响，特设立本次试验。本次试验在沈阳某公司开展，试验时间为2021年3月8—14日，选取笼养白羽肉鸡180 000只，由于春季昼夜温差大，外界气温突变，加之鸡群在免疫空白期抵抗力差等因素，引起以呼吸道症状为主的流感疾病，鸡群内咳嗽比例日见增多，闭眼打蔫、眼睑变长、咳嗽呼噜、体温升高；剖检可见气管出血，内有黏液，胸气囊内有黄色干酪物，腹气囊有泡沫，肺脏变黑等症状。此种症状如不加以控制，很容易导致死淘数量大幅度增加，采食量明显降低等情况，严重损害养殖场利益。结果显示，在出现此症状时使用银黄口服液配合清开素一同使用，在用药第2天呼吸道症状明显减轻，采食状态良好，采食量明显提升。

免疫空白期是肉鸡养殖过程中比较难以管理的一个时间段，如果出现任何应激，都容易引起鸡群发病，而现阶段集约化、规模化养殖场只要出现疾病，都会给农场带来损失，所以除了应急治疗外，还建议在此阶段使用抗病毒中药进行预防性给药，从而降低发病概率，减少损失。

1 试验设计

1.1 试验材料

1.1.1 试验药物

银黄口服液，由北京生泰尔科技股份有限公司提供。

1.1.2 试验动物

白羽肉鸡180 000只，沈阳某集团公司提供。

1.1.3 试验时间

2021年3月8—14日。

1.1.4 试验地点

辽宁省沈阳市某集团自养场。

1.2 试验方法

1.2.1 试验处理

在本次试验过程中，试验组按照北京生泰尔科技股份有限公司提供的用药方案进行用药（表1）。

表1 用药方案

药品名称	使用剂量	备注
银黄口服液	每瓶1 L兑水1 000 kg	如有混合感染可配合其他药物使用
清开素	每瓶1 L兑水3 000 kg	

1.2.2 试验观测指标

试验观测指标见表2。

表2 试验观测指标

日期	日龄/d	死淘数/只	存栏/只	成活率/%	采食量/g	呼吸道情况/%
8月27日	24	9	29 615	99.7	100	20
8月28日	25	21	29 594	99.7	105	35
8月29日	26	43	29 551	99.5	110	35
8月30日	27	26	29 551	99.5	120	10
8月31日	28	23	29 528	99.5	130	10
9月1日	29	18	29 510	99.4	135	5
9月2日	30	13	29 497	99.4	140	0
9月3日	31	7	29 490	99.4	145	0

注：红色为用药期，银黄口服液使用4 d，清开素使用2 d。

2 试验结果

2.1 死淘数

死淘数见图1。

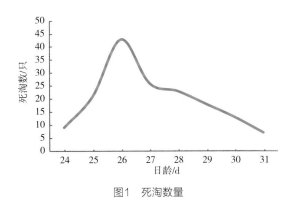

图1　死淘数量

2.2　采食量

采食量见图2。

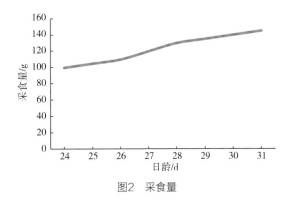

图2　采食量

试验数据分析：死淘数在用药前增长明显，用药后下降明显。采食量稳定增加。同时现场负责人表示用药第2天咳嗽情况明显好转，停药后完全消失。

3　试验结果综合分析

从以上死淘数、采食量、呼吸道情况三方面分析，鸡群疾病得到控制，鸡群状态明显好转。

4　结论

本次试验的鸡群在发病后使用银黄口服液进行治疗，死淘数明显下降，采食量稳定增加。本次试验说明，鸡群出现流感症状后，使用天然康进行治疗效果良好，能够控制住疾病的发展。

（吴俊彤　付洋）

肉鸡养殖后期咳嗽、采食不达标的控制

　　肉鸡养殖后期，受到自身抗体下降、通风压力大、通风时兼顾保温、前期疾病累计等诸多因素制约，往往容易造成采食不达标，呼吸道症状明显，精神状态差等现象，而肉鸡养殖后期正是增重高峰期，这个时间段发病，很容易造成出栏体重差，成活率低等问题，进而使养殖效益受损。本次试验在辽宁省大连市普兰店区某公司开展，试验时间为2021年3月15—21日，本次试验记录了肉鸡养殖后期出现咳嗽、呼噜等呼吸道症状、精神状态差、采食意愿不强烈等症状出现后，通过调整养殖管理与合理使用抗病毒中药等措施，使鸡群重新达到健康状态，减少了因发病造成的经济损失。

1　试验设计

1.1　试验材料

1.1.1　试验药物

　　天然康（国家三类新兽药），由北京生泰尔科技股份有限公司提供。

1.1.2　试验动物

　　大连市普兰店区某集团公司下属放养户提供，白羽肉鸡29 000只，三层笼养。

1.1.3　试验时间

　　2021年3月15—21日。

1.1.4　试验地点

　　辽宁省大连市普兰店区。

1.1.5　临床症状

　　鸡群呼吸道症状发病率在70%左右，采食量低至100 g。发病鸡精神萎靡，行动迟缓，体温升高。

1.1.6 剖检症状

上呼吸道黏液，出血，肺脏水肿或呈黑色，气囊炎症状明显，肠道出血，腺胃乳头个别出血，胰腺萎缩，胸腺萎缩。

1.1.7 临床诊断

着凉感冒继发支原体感染等疾病。

1.2 试验方法

1.2.1 用药方案

在本次试验过程中，试验组按照北京生泰尔科技股份有限公司提供的用药方案进行用药（表1）。

表1 用药方案

药物名称	使用剂量
天然康	每袋100 g兑水400 kg
抗生素	标准用量

1.2.2 饲养管理调整方案

调整饲养管理，适当调整负压大小，减少冷风直吹鸡的现象，对鸡舍内进行喷雾除尘，降低舍内灰尘等，减少一系列可能引起鸡群发病的因素。

1.2.3 试验结果

用药后死淘数和采食量见表2和图1。

表2 用药结果

日龄/d	死淘数/只	采食量/g
32	56	120
33	51	125
34	60	130
35	46	140
36	30	150
37	25	160
38	20	170

注：红色为用药期。

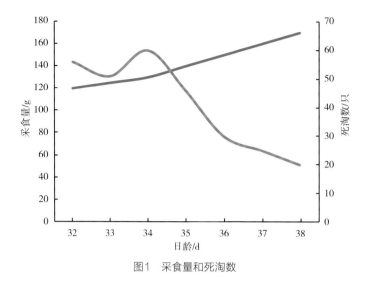

图1 采食量和死淘数

由表2可以看出，采食量稳步上升，到用药2 d后基本达标，死淘数在用药前2 d有所上升后，直线下降，呼吸道症状从用药前的70%左右降至20%，鸡群状态明显好转，直到出栏再没有出现病症。

2 试验结果综合分析

用药治疗后，鸡群采食量从120 g上升到170 g，死淘数从50～60只下降到20只，说明本次治疗效果良好。

3 结论

在肉鸡养殖后期，要注意饲养管理，找到鸡场内存在的漏洞，加以改正，同时对鸡病对症治疗，能够事半功倍。同时，加以药物辅助治疗，确保鸡群健康。本次试验验证了鸡群在养殖后期发病后，使用天然康进行治疗，采食量和死淘数等方面均向着正向发展。在以后的养殖过程中有类似问题可以参考本次试验进行治疗和管理。

（北京生泰尔科技股份有限公司）

一例蛋鸡低致病性流感治疗报告

低致病性流感是由流感病毒引起的严重影响鸡生产性能的一种免疫抑制病，控制本病的流行对蛋鸡养殖很重要，本病在临床上多发，给养殖业造成了很大的损失。

1 地点

辽宁省鞍山市海城市王石镇。

2 日期

2021年3月10—14日。

3 养殖规模

京红蛋鸡20 000只。

4 临床症状

发病鸡咳嗽、呼噜的大约占全群的1/3，发病鸡群排白色石灰样粪便，肛门周围的羽毛被污染。鸡群每天都有瘫鸡，大约能有7只。发病鸡可见眼睑变长、流泪，个别鸡见鼻孔粘料。鸡群每天死亡50多只，采食量比正常的采食量少400 kg（正常大约2 400 kg）。

5 剖检症状

按照剖解程序对12只鸡进行了剖检，结果如下。卵泡充血，气囊浑浊的有9只，肺脏出血坏死的有12只，腹膜有黄色干酪物（腹膜炎）的有3只，肠道外观有小米粒大小出血斑的有8只，胰脏边缘不整齐出血的有8只，十二指肠和卵黄蒂下大约1.5 cm处回肠有枣核样突起的有3只。

6 诊断结果

根据临床症状和剖检变化及当前疾病流行的趋势，初步定为低致病性禽流感。临床图片见图1至图3。外观打蔫，有黄绿色稀便。病鸡剖检后可见卵泡充血。

  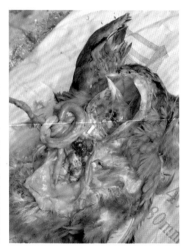

图1 鸡群高热　　　　　图2 病鸡剖检　　　　　图3 卵泡充血

7 用药史

使用其他厂家抗病毒药物，西药退烧及抗生素，使用4 d鸡群打蔫增多，死亡增加。

8 治疗方案

上午：天然康+清开素。

下午：天然康+清开素。

晚上：肝肾康。

以上方法连续给药5 d。

9 使用方法

上午：天然康+清开素。天然康100 g兑水300 kg，清开素100 mL兑水100 kg。

下午：天然康+清开素。天然康100 g兑水300 kg，清开素100 mL兑水100 kg。

晚上：肝肾康，1 000 mL兑水500 kg自由饮用。

10 使用效果

用药效果见表1。

表1 用药效果

效果	发病当天	用药第1天	用药第2天	用药第3天	用药第4天	用药第5天
死亡率/%	50	40	30	15	8	6
采食量/g	3 500	3 900	4 400	4 500	4 600	4 800

11 案例分析

2021年春季东北地区由于天气变冷，温差大，饲养管理跟不上，很多鸡群出现了温和型流感症状，在治疗过程中，由于没有选对药，造成鸡群免疫力低下，继发了细菌病，给治疗增加难度。

12 结论

低致病性流感在当前蛋鸡养殖过程中是常见病、多发病，发病过程中往往给各大养殖场造成很严重的经济损失，所以应该引起广大养殖户的注意。天然康与清开素是北京生泰尔科技股份有限公司在针对流感方面的拳头产品，加上控感方案，明显地控制了疾病，在市场上树立了良好的口碑。

（陈铎 仝其宝）

天然康与清开素联合使用控制病毒性疾病

1 材料与方案

1.1 试验动物

试验组、对照组各5 000只罗斯308。

1.2 试验地点

河北省秦皇岛市某畜牧公司养殖场。

1.3 试验用药

天然康、清开素，由北京生泰尔生物科技股份有限公司提供。

其他药物，由养殖场自购。

2 鸡群情况

2.1 临床症状

眼睑变形，结膜潮红；采食量下降，排白色稀便；咳嗽，呼噜，有怪叫，扎堆现象严重。

2.2 剖检症状

结膜炎，气管中有较多黏性分泌物，心包炎、心包积液，气囊有炎性渗出物。

2.3 初步诊断结果

疑似流感导致高热。

3 试验方法

试验组，清开素、天然康，连用3 d。对照组按养殖场常规用药方案给药。用药情况见表1。

表1　鸡群用药情况统计

分组	药物名称	包装规格	兑水量/kg	使用时间
试验组	清开素	1 000 mL	1 000	先用2 d清开素（按全天饮水量计算），后用3 d天然康（每天集中饮水给药1次）
	天然康	100 g	200	
对照组	双黄连	500 mL	500	先用2 d小柴胡（按全天饮水量计算），后用3 d双黄连（每天集中饮水给药1次）
	小柴胡	200 g	200	

4　观测指标与记录

鸡群生产性能统计见表2。

表2　鸡群生产性能统计

观测项目	试验组	对照组
试验开始死淘数/只	190	187
试验结束死淘数/只	8	230
试验前后数量相对比/只	−182	+42
试验初采食量/g	120	122
平均日采食量/g	150	107
试验前后采食量对比/g	30	−15

5　试验结果与分析

由表2得出，试验结束时试验组死淘数比对照组减少了222只，每只鸡平均日采食量比对照组高出43 g；在流感高发季节如高热导致的死淘率剧增，此时先用清开素退热，降低死淘率，提高采食量，病情基本控制后用天然康控制治疗，避免反复。

6　结论

试验证明清开素、天然康联合使用在治疗病毒性疾病引起的发热、采食量下降等方面临床效果确切，能够迅速降低鸡群死亡率，提高采食量，从而恢复鸡群的生产性能。

天然康对疫苗免疫后呼吸道及病毒性疾病的控制

1 试验地点

山东省滨州市某养殖场。

2 试验药物

天然康（国家三类新兽药），由北京生泰尔科技股份有限公司提供。

3 试验动物

25 000只京红115日龄蛋鸡，全群饲喂蛋鸡过渡期饲料，自由饮水、正常通风。

4 试验方法

天然康每袋100 g兑水500 kg，分别在115～116日龄连续使用2 d，117日龄间隔1 d，118日龄免疫后间隔18 h连续使用3 d，每天分早晚两次集中4 h饮用。

通过观察统计免疫前后药物使用后对新城疫和新支减免疫后引起的鸡群呼吸道症状和病毒性疾病发病率。

5 试验结果

试验结果见表3和表4。

表3　鸡群饮水量和采食量统计

日龄/d	饮水量/kg	采食量/kg
115	4 750	2 340
116	4 810	2 360
117	4 900	2 350

（续表）

日龄/d	饮水量/kg	采食量/kg
118	5 250	2 265
119	5 040	2 310
120	5 150	2 335
121	5 130	2 365

表4　鸡群呼吸道症状和病毒性疾病发病率的控制

日龄/d	处理	鸡群状况
115	天然康饮水	鸡群状况良好，未发现呼吸道症状
116		鸡群状况良好，未发现呼吸道症状
117	饮清水	鸡群状况良好，未发现呼吸道症状
118	疫苗注射	鸡群状况良好，未发现呼吸道症状，采食量略减，个别有呆立
119		鸡群状况良好，未发现呼吸道症状，采食量略减，个别有呆立
120	天然康饮水	鸡群状况良好，未发现呼吸道症状
121		鸡群状况良好，未发现呼吸道症状

6　结果分析

由表3可以看出，在使用天然康过程中不影响鸡群的正常饮水和采食；由表4可以得出，使用天然康对于免疫过后引起的呼吸道发病控制良好，对于免疫过后病毒性疾病的发病控制得很理想。

通过以上验证得出，在初产蛋鸡免疫前后分别在115日龄和116日龄连续使用2 d天然康，117日龄停药1 d，118日龄免疫，免疫过后间隔18 h再使用天然康，连续使用3 d，对于蛋鸡此阶段免疫引发的病毒性疾病和临床呼吸道症状的控制十分理想，并且在使用过程中不会影响鸡群的正常饮水及采食。

（北京生泰尔科技股份有限公司）

禽祥对肉鸭病毒性疾病防治效果的验证

冬春季节，昼夜温差较大，气候干燥且风力较大，是商品肉鸭疾病高发季节。如果饲养管理不当，非常容易导致鸭群发生低致病性禽流感。鸭群剖检会出现肺淤血、气囊炎等症状，大群出现发热、采食量下降的现象，从而影响出栏成绩。北京生泰尔科技股份有限公司的禽祥①产品有效成分为黄芩苷和绿原酸。经研究表明，黄芩苷和绿原酸能够阻止病毒入侵和在机体内的复制，降低病毒对机体的影响。所以当鸭群发生病毒性疾病时，可以使用禽祥进行治疗。

1 试验材料和方法

1.1 试验材料

1.1.1 试验药物

禽祥（银黄可溶性粉），100g/袋，由北京生泰尔科技股份有限公司提供。

双黄连口服液，由养殖场自购。

1.1.2 试验动物

樱桃谷肉鸭26 800只，由山东省某养殖场提供。

1.1.3 试验时间点

2021年12月20—24日。

1.4 试验地点

山东省某自养场。

---

① 禽祥，银黄可溶性粉在养鸭场推广使用时的商品名。

2　试验方法

2.1　试验分组

在养殖场中将两栋鸭舍随机分为两组，试验组9 520只樱桃谷肉鸭，对照组9 546只樱桃谷肉鸭。试验组与对照组保证相对同等的环境温度、湿度和光照条件，并按相同的常规免疫程序进行免疫。

2.2　试验处理

试验组：禽祥按照每100g兑水200kg，氟苯尼考按常规剂量添加；观测记录饲养过程肉鸭的死淘数及精神状态。

对照组：双黄连口服液和氟苯尼考按照常规剂量添加；观测记录饲养过程肉鸭的死淘数及精神状态。

试验处理方法见表1。

表1　处理方法

分组	使用药物	数量/只	日粮
对照组	双黄连口服液+氟苯尼考	9 546	基础日粮
试验组	禽祥+氟苯尼考	9 520	基础日粮

3　试验结果

3.1　试验图片

试验组使用5d禽祥后，鸭群精神状态及肺淤血症状得到改善（图1至图4）。

图1　用药前精神状态　　　　　　　　　图2　用药前剖检症状

图3　用药后精神状态

图4　用药后剖检症状

3.2　鸭群死淘数

表2　死淘数

时间	试验组/只	对照组/只
用药前1天	72	75
用药第1天	75	75
用药第2天	39	52
用药第3天	14	41
用药第4天	5	39
用药第5天	5	28
用药后1天	3	30
总计	213	340

4　试验分析

4.1　数据分析

　　通过用药前后现场图片可以看出，试验组连续使用禽祥（银黄可溶性粉）5d后，鸭群精神状态好转，肺脏淤血症状明显改善。

通过死淘数统计结果可以看出，试验组日死淘数降低迅速，由每天死淘数70只左右降低到3只；对照组日死淘数降低较慢，用药后死淘数没得到有效控制。试验组累计死淘数比对照组少127只。

4.2 药物分析

禽祥的主要成分为黄芩提取物黄芩苷和金银花提取物绿原酸。黄芩为唇形科植物的干燥根，味苦性寒，具有清热燥湿、泻火解毒、止血、安胎等功效。黄芩的主要药效成分为黄芩苷，具有抗菌、增强机体免疫力、解热、镇静、降压、保肝利胆等多种作用。金银花为忍冬科植物的干燥花蕾，味甘性寒，具有清热解毒、消肿止痛的功效。金银花提取物绿原酸有较强的抗菌消炎作用。

禽祥中的黄芩苷和绿原酸两种成分能够起到抗病毒和抑制支原体的作用，黄芩苷通过阻止病毒的吸附作用、绿原酸通过干扰病毒蛋白质的合成，从而阻止病毒的复制起到抗病毒作用。禽祥中的有效成分通过作用于50S核糖体亚基，阻断转肽作用和mRNA位移而抑制生物蛋白质的合成。禽祥的使用时机为防治低致病性流感和支原体疾病时使用，或者在停药期内代替大环内酯类抗生素时使用。

5 结论

通过本次试验的验证，使用禽祥对肉鸭病毒性疾病有很好的防治效果。根据剖检情况配合控制继发感染的抗生素联合使用可以取得明显效果。

（师恩柱　何湾）

禽祥在肉鸭养殖过程中防治黑肺和气囊炎的临床效果观察

山东省潍坊市临朐县某白羽肉鸭养殖场，25日龄，其中两个鸭舍共19 066只，出现接近50只的日死淘数，临床表现为大群发热，排绿色粪便，精神低迷，食欲减退，摇头晃脑。剖检发现，肝脏肿大，肺脏淤血、出血，心内膜出血，气囊炎等，针对这种情况推荐使用卡巴匹林钙+禽祥+林可大观霉素。

1 试验材料和方法

1.1 试验动物和分组

试验分两组，一组为对照组，另一组为试验组，具体分组情况见表1。

表1 试验设计与分组

组别	舍号	用药方案	数量/只	日粮
对照组	1	卡巴匹林钙+清瘟解毒口服液+林可大观霉素	9 546	基础日粮
试验组	2	卡巴匹林钙+禽祥+林可大观霉素	9 520	基础日粮

1.2 试验地点

山东省潍坊市临朐县某养殖场。

1.3 试验时间

2022年2月20—25日。

1.4 试验药品

禽祥，由北京生泰尔科技股份有限公司提供。
其他药品，由养殖场自购。

1.5 饲养管理

试验组与对照组由同一养殖场进行饲养管理，鸭群进行自由采食和饮水，保证相对同等的环境温度、湿度和光照条件。

1.6 试验方法

连续使用3d，每天用药后，观察记录鸭群精神状态，每天记录死淘数。禽祥用药方案见表2，其他药品按说明书推荐的用法用量给药。

表2 用药方案

药品名称	使用剂量
禽祥	100g兑水150kg

2 试验结果

鸭群采食量和死淘数见表3和表4。

表3 群鸭采食量

日龄/d	对照组/kg	对照组/只
25	1 650	24
26	1 675	20
27	1 670	18
28	1 690	20
29	1 700	18

表4 鸭群死淘数

日龄/d	试验组/kg	试验组/只
25	1 675	20
26	1 675	18
27	1 700	15
28	1 700	13
29	1 700	10

鸭群状况观察发现，试验组和对照组鸭群状况相近，25日龄时精神状态差，26日龄时无明显变化，27日龄时症状减轻，28日龄时症状明显减轻，29日龄时精神状态良好。

养殖环境和剖检症状见图1。

图1 养殖环境和剖检症状

3 试验分析

对照组：清瘟解毒口服液在25~27日龄连用3d后，采食量和饮水量正常，每日递增。但死淘数没有得到明显控制，从25日龄死淘数的24只到29日龄的18只，防治效果不太理想。

试验组：禽祥在25~27日龄连用3d后，采食量和饮水量正常，每日递增。死淘数得到明显控制，从25日龄死淘数20只到29日龄的10只，防治效果相对理想。

以上对比试验表明，对25日龄肉鸭出现黑肺、气囊炎等采用不同的方案，试验组的死淘数要优于对照组。

4　结论

通过本次试验验证和数据统计，北京生泰尔科技股份有限公司的禽祥产品在肉鸭25~27日龄使用，能有效防治肉鸭养殖中后期出现的黑肺、气囊炎等，本次试验中体现出的治疗效果要好于清瘟解毒口服液。

（杜林林　宋成玉）

禽祥对种鸭不明原因产蛋下降的防治效果

　　山东省临沂市某种鸭场存栏种鸭210单元（30 000只），25周龄全场出现产蛋下降，死淘增加，发热，采食量、饮水量正常，有轻微咳嗽，剖检发现少量的腹膜炎、卵泡液化、输卵管炎等症状，25~29周龄期间，使用了抗生素和中兽药抗病毒产品，但是效果不理想。至29周龄症状没有明显改善，产蛋率一直不稳定，没有出现产蛋高峰，甚至出现产蛋率下降的现象。本试验拟从抗病毒和抑制细菌感染入手，使用禽祥产品，在种鸭养殖场的支持下探索禽祥对种鸭产蛋下降的防治效果。

1　试验材料

1.1　试验动物和分组

　　试验采用单因子设计，将6栋29周樱桃谷种鸭，分为2组，其他药物组4栋鸭舍4个重复，禽祥药物组2栋鸭舍2个重复；具体分组情况见表1，其中第3栋和第6栋生产成绩最不稳定。

表1　试验设计与分组

组别	栋舍号	存量/只	用药	日粮
其他药物组	2	2 775	板青颗粒+阿莫西林+黏菌素	基础日粮
	4	2 737	板青颗粒+阿莫西林+黏菌素	基础日粮
	5	2 659	板青颗粒+阿莫西林+黏菌素	基础日粮
	7	2 693	板青颗粒+阿莫西林+黏菌素	基础日粮
禽祥药物组	3	2 622	禽祥+黏菌素+阿莫西林	基础日粮
	6	2 707	禽祥+黏菌素+阿莫西林	基础日粮

1.2　试验时间

　　2022年2月18—22日。

1.3 试验药品

禽祥，由北京生泰尔科技股份有限公司提供。

其他药品，由养殖场自购。

1.4 饲养管理

其他药物组与禽祥药物组饲养管理相同，保证鸭群相对同等的环境温度、湿度和光照条件，并按相同的常规免疫程序进行免疫。

2 试验方法

在试验过程中，按照北京生泰尔科技股份有限公司提供的使用方法连续使用5d，并观察记录用药期间及停药后的相关数据；鸭群每天上午集中饮水。试验期间每天观察鸭群的采食情况和精神状态，记录死淘数，统计采食量、死淘率、产蛋率等。

3 结果

鸭舍环境和剖检症状见图1。

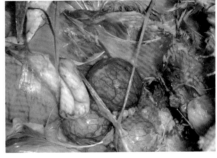

图1 鸭舍环境和剖检症状

3.1 产蛋增幅率的对比

用药前后各栋鸭舍产蛋率比较见表2。

表2 用药前后产蛋率比较

组别	栋舍号	用药前产蛋率/%	用药后产蛋率/%	增幅率/%
其他药物组	2	68.49	72.68	4.19
	4	72.02	72.01	-0.01
	5	64.79	74.46	9.67
	7	67.04	77.17	10.13

（续表）

组别	栋舍号	用药前产蛋率/%	用药后产蛋率/%	增幅率/%
禽祥药物组	3	60.87	69.95	9.08
	6	60.09	72.28	12.19

3.2 死淘数对比

其他药物组与禽祥药物组各栋鸭舍死淘数对比见表3。

表3 用药后死淘数对比

组别	栋号	死淘数/只
其他药物组	2	13
	4	13
	5	7
	7	9
禽祥药物组	3	9
	6	7

4 试验结果分析

从产蛋增幅率上可以看出，禽祥药物组要高于其他药物组；从死淘数量上可以看出，禽祥药物组要低于其他药物组。

5 结论

从试验结果来看，使用禽祥配合使用抗生素对于改善不明原因引起的种鸭产蛋下降有明显效果。

（王佳一 杜林林）

参考文献

陈智，2019.金银花和黄芩不同煎煮方式化学成分变化及抗病毒作用比较[J]. 中华中医药杂志，34（10）：4575-4579.

董玲婉，吕圭源，2007.浅谈中药黄芩的药理作用[J].浙江中医药大学学报（6）：787-788.

韩占兵，王鑫磊，黄炎坤，等，2017. 肉鸡舍冬季通风管理要点[J]. 黑龙江畜牧兽医（20）：108-109.

李捷，2013.绿原酸抗病毒研究进展[J].畜牧兽医科技信息（4）：6-7.

李文垲，张莉梅，高继业，等，2009.黄芩药理作用研究进展[J].江西畜牧兽医杂志（5）：5-7.

刘蓓，刘玉红，2013. 金银花多糖对脾淋巴细胞的增殖作用[J]. 中国实用医药，8（11）：244-245.

马力，2014.银黄颗粒成药性评价及对鸡毒支原体病治疗的初步应用[D].长春：吉林大学.

任俊洁，姜雪，2017.金银花化学成分和药理作用研究进展[J].化工时刊（6）：20-23.

施恒飞，2016.黄芩苷抗呼吸道合胞病毒感染作用研究[D].南京：南京大学.

孙博，2013. 慢呼抗口服液中黄芩苷及绿原酸在鸡体内药代动力学研究[D].哈尔滨：东北农业大学.

陶秀萍，2003. 不同温湿风条件对肉鸡应激敏感生理生化指标影响的研究[D]. 北京：中国农业科学院.

王慧，周红潮，张旭，等，2019.黄芩苷药理作用研究进展[J].时珍国医国药（4）：955-958.

卫盼莹，2018.黄芩苷在体外抗H9N2亚型禽流感病毒的机理初探[D].北京：北京农学院.

文俊，王彦，赵仲禄，等，2017.浅谈金银花的药理作用与临床应用[J].现代养生（14）：80.

徐玉田，2010.黄芩的化学成分及现代药理作用研究进展[J].光明中医（3）：544-545.